K. M. Holikov
M. M. Mukimov
G. H. Gulyaea

TECNOLOGIA DELLA MAGLIERIA FELPATA

K. M. Holikov
M. M. Mukimov
G. H. Gulyaea

TECNOLOGIA DELLA MAGLIERIA FELPATA

Nuove strutture e modalità di utilizzo efficace delle materie prime nella produzione di maglieria felpata

ScienciaScripts

Imprint

Cover image: www.ingimage.com

This book is a translation from the original published under ISBN 978-620-3-02976-5.

Publisher:
Sciencia Scripts
is a trademark of
International Book Market Service Ltd., member of OmniScriptum Publishing Group
17 Meldrum Street, Beau Bassin 71504, Mauritius
Printed at: see last page
ISBN: 978-620-3-23725-2

Contenuti

INTRODUZIONE

Sulla base di previsioni scientificamente fondate sullo sviluppo della produzione tessile è stato stabilito che la maglieria rimane ancora tra i materiali ampiamente utilizzati per l'abbigliamento, per le esigenze domestiche e per scopi tecnici. La loro richiesta tende a crescere.

A livello globale, l'industria tessile e dell'abbigliamento e la maglieria sono tra le industrie leader. Essi rappresentano il 5,7% della produzione industriale globale. Negli ultimi 15 anni, il consumo di tessuti e abbigliamento è aumentato del 90,5% nei Paesi dell'Unione Europea, del 99,3% negli Stati Uniti e del 220% in Giappone. Il centro della produzione si è spostato dall'Europa occidentale e dagli Stati Uniti verso i paesi con costi di manodopera più bassi: Sud-Est e Asia centrale, Sud America [1].

Negli ultimi anni la gamma di articoli a maglia si è notevolmente ampliata. Si è arricchito di nuovi tipi di tessuti, in particolare di tessuti doppi leggeri prodotti su macchine a doppio feltro. Lo scopo dello sviluppo di questo tipo di tessuti è quello di diminuire il consumo di materie prime con la conservazione delle qualità igieniche ed estetiche e di aumentare le proprietà del consumatore. Allo stesso tempo, la questione della previsione delle proprietà dei tessuti a maglia, lo sviluppo di strutture che soddisfino le esigenze tecniche, estetiche e moderne, artistiche e coloristiche, è uno dei compiti urgenti di oggi.

La direzione più importante di realizzazione delle nostre riserve e opportunità interne dovrebbe essere l'aumento graduale della profondità di lavorazione delle materie prime domestiche di origine minerale e vegetale, di cui la nostra terra è ricca, nonché l'ampliamento del volume e della gamma di prodotti ad alto valore aggiunto. Pertanto vi è la necessità, nello sviluppo e nell'implementazione dei programmi, di tracciare l'intero ciclo di lavorazione profonda su ogni tipo di materia prima primaria - dai semilavorati fino ai prodotti finiti di consumo finale. La lavorazione in profondità della fibra di cotone su tecnologie moderne permetterà in tempi brevi di aumentare entro il 2030 i volumi di produzione di prodotti finiti ecologicamente puri dell'industria tessile e leggera richiesti nel mercato esterno e interno.

Oggi, gli scienziati e i lavoratori dell'industria della maglieria si trovano ad affrontare problemi particolarmente acuti nello sviluppo di una tecnologia di risparmio delle risorse per la produzione di tessuti a maglia, nell'ampliamento delle capacità tecnologiche delle macchine per maglieria e nell'utilizzo di materie prime locali (il che contribuisce a ridurre i costi di produzione e ad aumentare la quota di lavorazione delle materie prime locali nei prodotti finiti). Nella direzione dello sviluppo socio-economico del paese è necessario sviluppare e applicare una serie di misure per ridurre i costi di produzione del 10-15%, aumentare la quota di trasformazione delle materie prime locali in prodotti finiti, creare prodotti competitivi che soddisfino i requisiti degli standard internazionali.

Aumentare la gamma e migliorare la qualità dei prodotti a maglia, ampliare le capacità tecnologiche delle macchine per maglieria migliorando la tecnologia per ottenere maglieria felpata è un importante problema scientifico e pratico per l'industria tessile e leggera. Per risolvere questi problemi è necessario sviluppare approcci fondamentalmente nuovi nella tecnologia di produzione di prodotti a maglia di alta qualità a partire da nuovi tipi di tessuto felpato e da un uso efficace delle materie prime locali.

Il trasferimento della produzione di maglieria della Repubblica dell'Uzbekistan verso un modo più intensivo di sviluppo con la creazione e l'introduzione di tecnologie efficienti per il risparmio delle risorse, dovrebbe fornire un aumento della gamma e della qualità della maglieria, così come un forte aumento della loro produzione per soddisfare la domanda della popolazione. Ciò coincide con le tendenze dei paesi avanzati, dove l'aumento della produzione di capi in maglia di alta qualità dovrebbe essere garantito da un uso razionale delle risorse.

Lo sviluppo della produzione di maglieria è dovuto alla domanda di prodotti di maglieria, che aumenta di giorno in giorno. Ciò è dovuto al fatto che i prodotti a maglia sono igienici, esternamente belli e hanno anche elevate caratteristiche prestazionali.

Uno dei modi per ampliare la gamma e migliorare la qualità dei prodotti a maglia è lo sviluppo di nuove strutture e metodi di produzione di tessuti a maglia con indicatori di qualità migliorati.

Tra i tessuti a maglia che vengono utilizzati con successo per la produzione di abbigliamento esterno, biancheria intima calda, prodotti per bambini, così come prodotti tecnici, sono di particolare interesse i tessuti felpati con migliori proprietà di protezione termica.

Le possibilità di applicazione della maglieria di peluche, che ha un bell'aspetto, una presa chiara, elevate proprietà di protezione termica, sono molteplici. Si possono realizzare scialli, coperte, accappatoi, costumi da bagno, asciugamani, abiti per bambini e adulti, biancheria intima calda, materiali di rivestimento, articoli tecnici e altri prodotti tessili.

L'aumento dell'assortimento e il miglioramento della qualità dei prodotti a maglia, l'espansione delle possibilità tecnologiche delle macchine per maglieria a scapito del miglioramento della tecnologia di ricezione della maglieria di peluche è un importante problema scientifico e pratico per l'industria tessile e leggera.

CAPITOLO I. ANALISI DELLA TECNOLOGIA DI PRODUZIONE DEI TESSUTI A MAGLIA FELPATI

I temi dell'ampliamento della gamma e del miglioramento della qualità della maglieria di felpa, della creazione di nuove strutture e dello sviluppo di metodi efficaci di maglieria con parametri ottimali sono attualmente affrontati da molti ricercatori sia nel nostro paese che all'estero [2-6].

La classificazione e l'analisi dei tessuti a maglia [7] sviluppata dal Professor A.S. Davidovich e dal Professor M.M. Mukimov [8-10] permettono non solo di studiare la varietà delle trame, ma anche di crearne di nuove e di ampliare la gamma dei tessuti e dei prodotti a maglia.

L'analisi dei risultati delle ricerche condotte da molti ricercatori [11-13] ha dimostrato che la diminuzione della densità superficiale dei tessuti a maglia è la meno pericolosa per diminuirne le proprietà di resistenza, in quanto il valore assoluto della resistenza dei tessuti a maglia è elevato, e durante il funzionamento i prodotti sono esposti a carichi non superiori al 20% dei carichi di rottura [14-15].

Secondo la classificazione raccomandata dal Prof. M.M. Mukimov secondo il metodo di fissaggio del filo di felpa nella maglieria di felpa smerigliata possono essere suddivisi nei seguenti gruppi: placcato, foderato, intrecciato, legato, placcato-feltrato e placcato-feltrato.

1.1. Maglia peluche placcata

Peluche è la parola tedesca Plusch di origine latina (dalla parola p ilus - capelli) e significa un materiale con pila.

La maglieria di peluche placcata ha recentemente trovato ampia applicazione nella produzione di maglieria con elevate proprietà di protezione termica. A differenza di tutti i maglioni a maglia, la maglieria di peluche ha una struttura che - crea un volume maggiore. La superficie del peluche viene creata dai fili di peluche allungati che vengono lavorati a maglia insieme ai filati rettificati, in modo che i fili di peluche siano saldamente ancorati al suolo. Nella lavorazione di filati ad alta densità lineare, lo strato peluche del tessuto a maglia può essere sufficientemente stabile, in grado di mantenere un elevato volume durante il funzionamento per un lungo periodo di tempo, fornendo maggiori proprietà di protezione termica del prodotto.

Altre proprietà positive della maglieria a trama felpata sono la sua morbidezza e morbidezza, che è molto importante quando si realizzano capi di abbigliamento esterno, biancheria intima calda e calze.

I tessuti di peluche sono prodotti sia in tessuto che in maglia a seconda del loro scopo. Va notato che il peluche intrecciato (ad anello e tagliato) viene utilizzato per abiti, indumenti caldi, articoli decorativi, ecc. Rispetto al peluche a maglia, il peluche intrecciato ha una struttura a terra più stabile, ma i suoi metodi di produzione sono complicati e quindi poco produttivi.

La struttura e i metodi di produzione del peluche a maglia hanno grandi vantaggi rispetto alla struttura e ai metodi di produzione del peluche tessuto.

I vantaggi della maglieria in felpa sono la facile produzione di felpa sia ad anello che a taglio e l'elevata produttività delle macchine. Nella produzione di maglieria in felpa è facile regolare il consumo di materie prime, lo spessore della maglia cambiando la lunghezza del cordoncino in felpa, così come riprodurre diversi modelli sul tessuto, utilizzando materie prime con proprietà diverse e colori diversi [16-17].

Le maglie di peluche evitano gli svantaggi delle maglie a ciuffo. La maglieria di peluche non richiede il tufting, quindi può essere usata per i prodotti in pezza, mentre il processo di tufting per i prodotti in pezza fatti di maglieria foderata è difficile [18]. A questo proposito, il campo di applicazione della maglieria di peluche è molto ampio. Può essere utilizzato per realizzare biancheria intima e capispalla caldi, cappotti e pellicce (pellicce artificiali), tappeti, prodotti decorativi e prodotti tecnici.

Una caratteristica speciale della maglieria felpata, rispetto alla tradizionale maglieria placcata, è la diversa profondità dei due filati. Nella maglieria felpata, il filato smerigliato viene tagliato in anelli corti formando un fondo, il filato felpato (pelo) viene tagliato in anelli lunghi a causa dell'aumento di anelli di platino o spille che formano un vello sul lato inferiore.

Nella produzione di maglieria a un solo lato in felpa a tessitura singola, la cosa principale è la formazione del pelo da brocce a pelo allungato. Il principio alla base della creazione di un orsacchiotto è quello di posizionare un orsacchiotto e un filato smerigliato sull'ago con il filato smerigliato contro il piano di rimbalzo principale e il filato smerigliato contro il piano di rimbalzo aggiuntivo. Tuttavia, le modalità di attuazione di questo principio unico sono diverse e dipendono dal processo di looping, che a sua volta viene eseguito da alcuni organi di lavoro.

È noto che il vello (pile, o peluche, o peluche disegna) della maglieria in felpa può essere ottenuto direttamente nel processo di lavorazione a maglia o finendo il tessuto a maglia.

Per ampliare la gamma dei tessuti a maglia delle macchine circolari per maglieria il Prof. M.M. Mukimov ha proposto [19] maglieria felpata, formata dall'alternarsi in asole di colonne ad occhielli di stiratura derivata da filati felpati e macinati e solo da filati macinati. Durante la lavorazione a maglia sulla macchina per maglieria a doppio feltro del sistema I, il filo di feltro viene posizionato sugli aghi dispari del cilindro e dell'alzata e solo sugli aghi dispari dell'alzata - il filo rettificato (Fig. 1.1). Nel sistema II, gli aghi dispari dell'alzata sono filettati con la filettatura del primer. Nel sistema III, i fili di peluche vengono fatti cadere dagli aghi dispari del cilindro. I restanti aghi cilindrici e gli aghi per alzata non sono coinvolti e non si infilano in questo sistema.

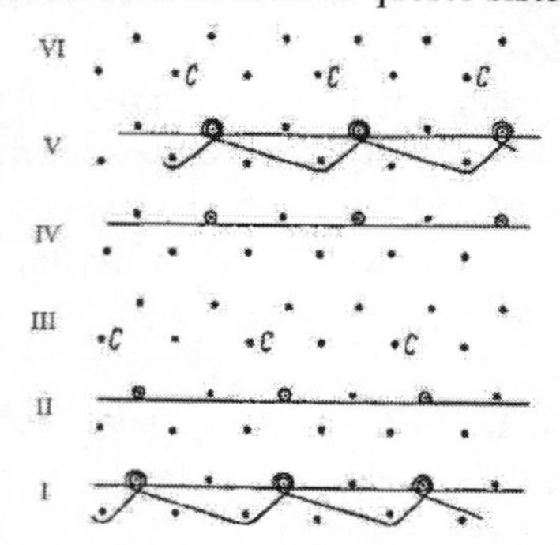

Fig. 1.1. Rappresentazione grafica del tessuto a maglia felpata sulla base di una lisciatura derivata

Nel sistema IV, il filo di terra viene alimentato agli aghi pari della piastra di ondulazione. Gli aghi dispari mantengono gli anelli formati nella fila precedente. Nel sistema V, il filo di peluche viene alimentato ad aghi cilindrici e alzate pari, mentre il filo adescato viene alimentato solo ad aghi alzate pari. Così, gli aghi cilindrici pari producono brocce orsacchiotti su aghi cilindrici pari e anelli chiusi di filo rettificato e orsacchiotto su aghi di alzata pari. Nel sistema VI, le brocce orsacchiotte vengono scartate dagli aghi pari del cilindro.

Sono necessari sei sistemi di looping per produrre un unico rapporto di tessitura. Ridurre il loro numero a cinque, se le spille di peluche da dispari e persino gli aghi del cilindro vengono fatti cadere in un unico sistema.

Il noto tessuto a maglia ha i seguenti svantaggi. La presenza nella struttura del tessuto di passanti lisci, la cui quota da tutti i passanti è dimezzata, formati da fili di peluche e macinati, ne determina l'elevata capacità materica e l'elevato grado di torsione, che complica le successive operazioni di finissaggio del tessuto e di cucitura dei prodotti da esso derivati, soprattutto quando si utilizzano materie prime naturali. La maglieria a maglia prevede l'utilizzo di guidafili aggiuntivi per la posa del filo di fondo sugli aghi di un ago, il che, da un lato, richiede ulteriori modifiche strutturali delle attrezzature, non sempre facili da realizzare, e, dall'altro, restringe la gamma delle possibilità tecnologiche e, in particolare, non consente di ottenere schizzi di peluche su entrambi i lati della maglieria in una fila di asole.

Per migliorare la qualità della maglieria riducendo la sua torsione e aumentare la stabilità della forma, oltre ad ampliare le capacità tecnologiche delle attrezzature e dell'assortimento nel lavoro [20] ha proposto un metodo per produrre una maglieria a maglia plush-knit coulir.

La Fig. 1.2 mostra una rappresentazione grafica, e la Fig. 1.3 mostra la struttura di una maglia di peluche.

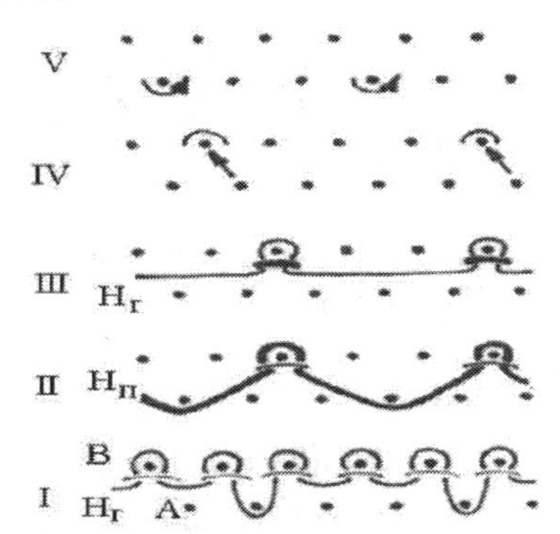

Fig. 1.2. Notazione grafica di un tessuto a maglia di peluche

Il tessuto a maglia viene prodotto su una macchina a doppio feltro come segue (Fig. 1.2).

Nel primo sistema da filettatura si formano anelli Hg su aghi di disco e schizzi sugli aghi dei cilindri selezionati (fig. 1.2). Nel secondo sistema, il filetto in peluche Hn viene utilizzato per creare dei loop sugli aghi selezionati del disco e degli scarti di peluche sugli aghi del cilindro. Nel terzo sistema, gli anelli di filato macinato Hg sono lavorati a maglia sugli stessi aghi a disco del secondo sistema.

Nel quarto sistema, trasferire i punti a terra dagli aghi cilindrici del primo sistema agli aghi a disco contrapposti. Dopo che i punti dell'ago successivi sono stati legati nel rapporto successivo, i punti a terra sono attaccati al tessuto.

Il quinto sistema fa cadere gli schizzi di peluche dagli aghi dei cilindri.

La maglia felpata Kulirnyy (Fig. 1.3) comprende i passanti 1 e i contorni felpati 2, che formano la superficie del pelo della maglia, formata dal filato felpato Hn. Il filo di massa Hg forma anelli 3, 4, collegati da coulisse 5, anelli 6, collegati da coulisse 7.

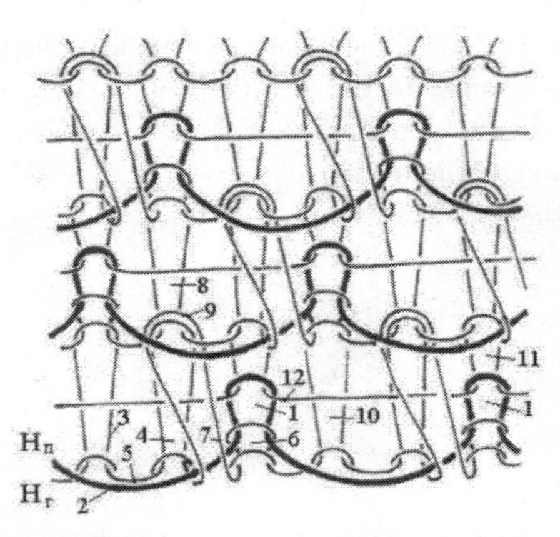

Fig. 1.3. Struttura di un maglione di felpa a maglia di coulirn

La coulisse 7 è fissata nella struttura della maglia tra il supporto e il passante dell'occhiello 8, formando il contorno 9. L'anello 6, attraverso il quale viene tirato l'anello di peluche 1, ha dimensioni minime grazie al fatto che il filo viene tirato da esso alla broccia tesa 7 e all'anello esteso 10. I loop di terra 11 vengono tirati attraverso i loop di peluche 1 e sono collegati tra loro da spille allungate 12.

I punti di tensione dei loop rettificati 7 formano loop nella struttura del tessuto orientati in direzione opposta ai loop 1, 3, 4, 8, 10, 11, bilanciando così la capacità di torsione del tessuto. Inoltre, la stabilità della forma del tessuto a maglia in direzione delle asole è aumentata e lo stiramento in questa direzione è ridotto. I punti 12 riducono anche l'allungamento del tessuto a maglia in direzione delle file di asole. Grazie alla bassa estensibilità del tessuto a maglia in entrambe le direzioni, nonché alla presenza di anelli stretti 6, attraverso i quali vengono tirati gli anelli di peluche 1, il filo di peluche Hn viene fissato saldamente nel tessuto per evitare che venga tirato fuori.

L'unicità di questa struttura è che si ottiene un fissaggio affidabile, filo peluche in tessuto a maglia senza la tradizionale placcatura con filato smerigliato, che permette di ridurre la capacità del materiale, così come di aumentare la gamma di filato applicato come peluche e, in particolare, di aumentare la loro densità lineare, migliorando il pelo sulla superficie del tessuto a maglia.

Il fissaggio delle brocce nelle stesse colonne ad anello, dove si trovano gli anelli di peluche precedentemente formati, fornisce un maggiore fissaggio proprio di quelle aree del tessuto, dove gli anelli di peluche sono lavorati a maglia.

Il metodo è complicato, poco produttivo, per la produzione di maglieria di felpa deve avere un sistema aggiuntivo per il trasferimento dei cicli.

Al fine di ampliare le capacità tecnologiche delle macchine e migliorare la qualità del tessuto a maglia, aumentando l'altezza e la planarità delle brocce del pelo, è stato proposto il metodo di produzione di maglieria felpata su macchina per maglieria circolare a doppia frontura [21].

Il metodo viene eseguito sulla macchina come segue.

Nel primo sistema di maglieria vengono portati a termine gli aghi del cilindro I1 e del disco I2 (Fig. 1.4). Gli aghi sono infilati con filo rettificato Hg e gli aghi del disco I2 sono spostati sul piano del deflettore, e gli aghi del cilindro I1 sono spostati nella posizione "senza bobina". Il filo rettificato Hg si forma sugli aghi, si forma uno stock di filo per la successiva formazione di corpi ad anello.

Nel secondo sistema, gli aghi del cilindro I1 vengono portati all'altezza della conclusione incompleta, lasciando il filo di massa sopra le lingue aperte dell'ago, e gli aghi del disco I2 all'altezza della conclusione completa, ritirando gli schizzi del filo di massa dietro le lingue aperte.

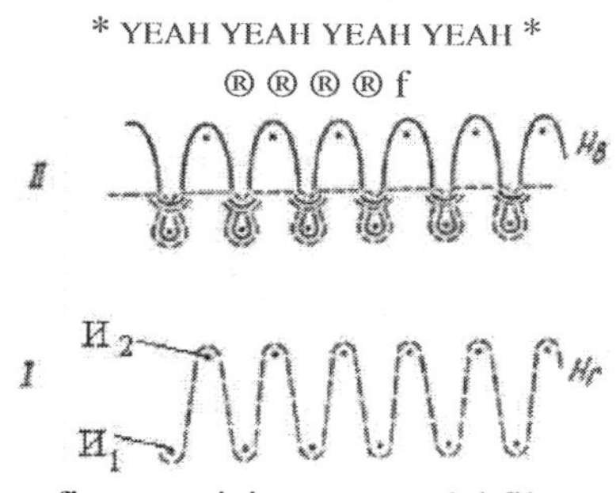

Fig. 1.4. Notazione grafica e posizionamento del filato per maglieria in felpa

Per evitare che gli schizzi del filetto a terra si sollevino insieme agli aghi, si può utilizzare un meccanismo di richiamo dell'asta.

Gli aghi vengono poi infilati con filo Hv. I cunei delle pile di entrambi gli aghi vengono accesi e gli aghi vengono ritirati sui deflettori. Gli aghi del cilindro I1, una volta ritirati sul piano del deflettore, cominciano a formare anelli di filettature Hg e Hv macinati e impilati.

Quando i fili macinati Hg vengono fatti cadere dagli aghi del disco di tensione I2 sui fili del palo Hv, vengono tirati negli anelli che si formano. Per evitare strappi, quando si utilizzano filati a basso allungamento come filati rettificati, i filati rettificati devono essere fatti cadere dagli aghi del disco I2 prima che gli aghi del cilindro I1 comincino a formare letti ad anello. Dopo che il filo di terra è stato tirato nei nuclei dell'asola, forma anche delle brocce di lunghezza normale tra i nuclei dell'asola, e il filo del palo forma delle brocce a palo allungato che si formano sugli aghi del disco I2.

Nel terzo sistema, gli aghi del disco I2 azzerano i ciuffi, mentre gli aghi del cilindro I1 non sono coinvolti.

In questo modo, la lunghezza del filo macinato nei passanti viene modellata nel primo sistema di maglieria. Questo aumenta l'uniformità delle estremità dell'asola e aumenta anche l'altezza e l'uniformità delle estensioni del palo, poiché gli aghi tirano i fili del palo da estremità di uguali dimensioni.

I documenti di ricerca [22-25] propongono nuove strutture e metodi per ottenere maglieria felpata su macchine per maglieria circolare a doppio feltro.

D.A. Gadzhiev ha proposto la maglieria di peluche e il metodo di produzione [26]. La maglieria può essere ottenuta su macchine per maglieria circolare multi-sistema a doppio feltro tipo KLK e ODZI, dotate di meccanismi selettivi. Nella formazione del rapporto di interlacciamento sono coinvolti tre sistemi di looping (Fig. 1.5, b).

Il metodo viene eseguito come segue (Fig. 1.5,b).

Nel primo sistema di lavorazione a maglia, i loop 1 e 2 sono lavorati a maglia da terra 19 e da filati felpati 4 su aghi 20 del disco, e da filati felpati su alcuni aghi 21 del cilindro selezionato per i loop a caduta sul sistema precedente, si ottengono gli schizzi 3, e su aghi 22 non selezionati, si formano i normali loop facciali 8.

Nel secondo sistema di maglieria, il filato felpato 7 su tutti gli aghi del disco 20 forma gli schizzi 5, e i loop 10 si ottengono su tutti gli aghi del cilindro.

Nel terzo sistema di maglieria, secondo il modello rasport dagli aghi 21 cilindro reimpostare loop 10 dal filo di pisolino 7 e ulteriormente formare un peluche e pisolino contorni, simili ai contorni 3, 6 nelle colonne di cenere 11,12 (Fig.1.5, a), mentre sugli aghi spenti 22 cilindro senza far cadere loop 8 si formano i consueti loop di peluche e pisolino. Se si vuole cambiare il luogo in cui si ottengono gli schizzi e i loop di pile a maglia, allora resettare i loop 8 dal cilindro degli aghi 22 e spegnere il cilindro degli aghi 21 senza resettare i loop 8.

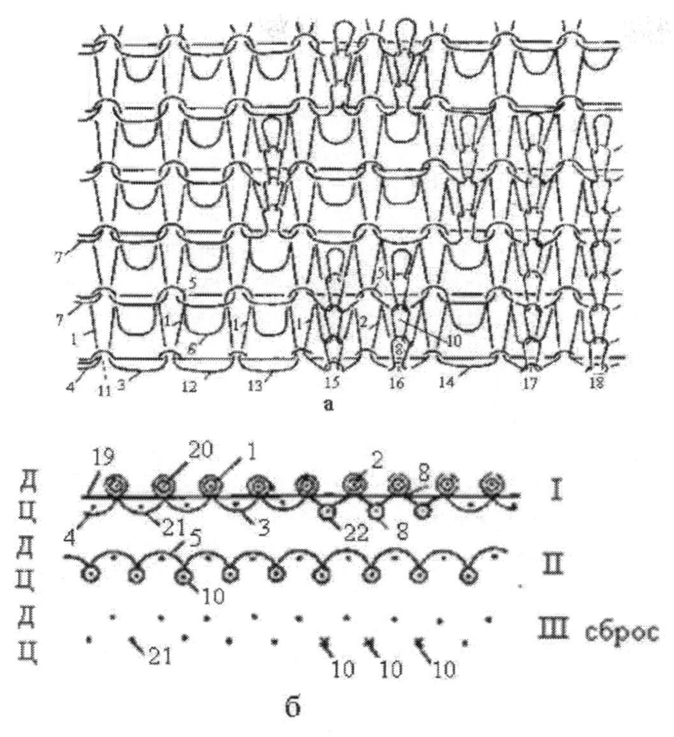

Fig. 1.5 Struttura e metodo di produzione di un tessuto a maglia in pile pile

Nel metodo di produzione possono essere utilizzate diverse materie prime, in varie combinazioni.

L'applicazione del metodo proposto per la produzione di maglieria in pile permette di ridurre la capacità del materiale e di ampliare la gamma dei prodotti a maglia.

Per ridurre il consumo di materie prime ed espandere le capacità tecnologiche delle macchine a lembi piatti in [27] viene proposto un metodo di produzione di tessuto felpato per maglieria a pezzi su macchine a lembi piatti.

Il coupon di peluche su una macchina a lamelle piatte viene prodotto come segue. Quando il carrello si sposta da destra a sinistra, il guidafilo principale fa scorrere il filo di peluche verso gli aghi posteriori dell'ago e i perni dell'ago anteriore, mentre il guidafilo supplementare fa scorrere il filo rettificato solo verso gli aghi posteriori che si trovano dietro i perni dell'ago anteriore. Quando il carrello si sposta da sinistra a destra, il filo guida del filo principale passa il filo di peluche all'ago anteriore e ai perni dell'ago posteriore, mentre il filo guida del filo opzionale passa il filo smerigliato ai perni dell'ago anteriore che si trovano dietro il retro dei perni dell'ago posteriore.

Durante la sagomatura del peluche tubolare, in funzione del movimento del carrello, è necessario assicurarsi che gli aghi e gli spilli di una piastra d'ago lavorino insieme in una determinata combinazione, cioè che gli aghi di una piastra d'ago e gli spilli dell'altra piastra d'ago lavorino in una direzione del carrello e viceversa nell'altra direzione. Per fare questo, entrambi gli aghi, attraverso uno, sono composti da aghi con tacchi corti, e tra di loro spilli con tacchi lunghi, il cui livello è molto più basso di quello dei tacchi degli aghi. È variando il livello dei talloni degli aghi e degli spilli che viene effettuata la loro selezione di gruppo. La rotazione dell'ago viene effettuata dai cunei di chiusura 2 e 3 (Fig. 1.6), attraversati completamente e a metà strada.

Quando il cuneo di chiusura 2 o 3 non è completamente innestato, i talloni corti degli aghi si muovono lungo il canale inferiore e i perni lunghi del tallone sono guidati nella zona di lavoro a maglia dai cunei guida 6 e 7 installati in aggiunta. Questi cunei aggiuntivi, così come i cunei di chiusura, possono essere incassati nel pannello di chiusura e devono essere smussati in modo che quando i talloni dalla zona non lavorativa sono interessati, siano incassati. Dopo che i talloni sono passati, i cunei vengono sollevati in posizione di lavoro dall'azione della molla.

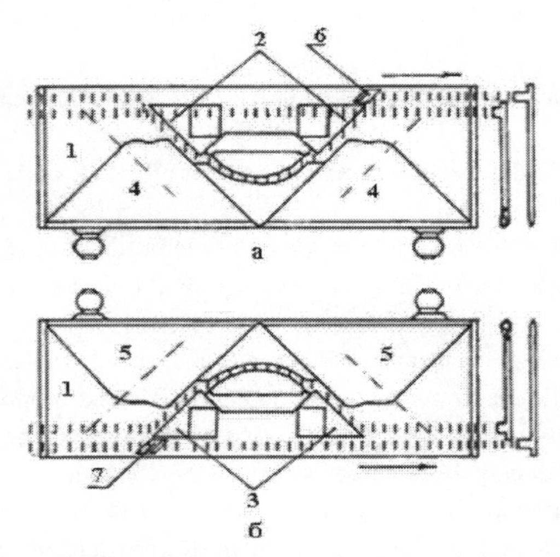

Fig. 1.6. Serrature della macchina a ventola piatta

Nella posizione di partenza, i punti del punto a sella si trovano sugli aghi di entrambi i porta-aghi. Quando il carrello si sposta da sinistra a destra, gli aghi della barra dell'ago anteriore vengono sollevati al livello del cuneo di chiusura 3.

I perni della barra dell'ago posteriore, guidati nella zona di lavoro a maglia dal cuneo guida aggiuntivo 6, cadono sotto l'azione del cuneo di chiusura 2 e vengono sollevati al livello della chiusura.
Quando il carrello si sposta da destra a sinistra, gli aghi della barra dell'ago posteriore vengono sollevati al livello di conclusione dal cuneo di chiusura 2. I perni ad ago anteriori sono guidati nella zona di lavoro a maglia dal cuneo guida aggiuntivo 7 e sollevati fino alla conclusione dal cuneo di chiusura. Una fila completa di tubi viene prodotta con due corse del carrello.

Il reset degli schizzi di peluche dai perni viene effettuato abbassando i perni con cunei di coltro 4 e 5 in entrambi gli aghi.

Una caratteristica distintiva di questo metodo di lavoro a maglia è la produzione di maglieria in pezza con tessuto felpato, che permette di ridurre significativamente il consumo di materie prime per unità di pezzo, di migliorare le proprietà termiche della maglieria e di regolare la larghezza del tessuto di pergamena prodotto, che non può essere ottenuta con macchine circolari per maglieria.

Al fine di ampliare la gamma di tessuti a maglia in [28] viene proposto un metodo per ottenere maglieria felpata su una macchina per maglieria circolare a doppio feltro. La maglieria di peluche su macchina per maglieria circolare si ottiene come segue.

Sugli aghi 1 e 2 (Fig.1.7,a) di entrambi gli aghi posare il filo di peluche 3, inoltre, sugli aghi degli aghi, come gli aghi 2, il disco posare il filo di terra principale 4. Sia il peluche che il filato smerigliato vengono infilati con aghi 2 per formare una maglia. Inoltre, gli aghi 1 estraggono gli schizzi 5 del filo di peluche.

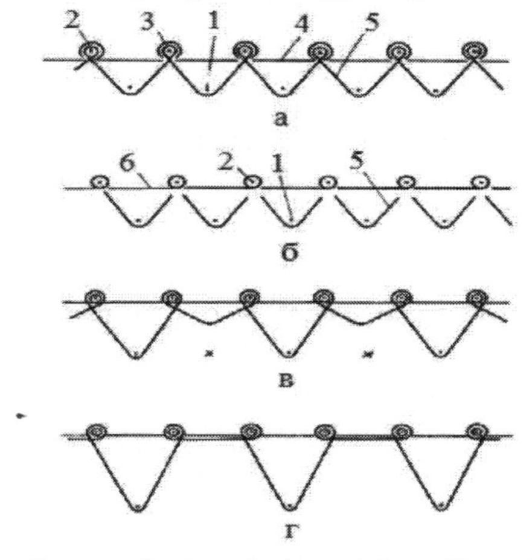

Fig. 1.7 Sequenza di operazioni per la lavorazione di maglieria felpata su una macchina per maglieria circolare a doppio feltro

Su aghi 2 (Fig.1.7,b), che hanno anelli legati di filo macinato 4, viene posato un ulteriore filato smerigliato 6, che forma una fila di tessuto ad anello.

Schizzi di peluche (Fig. 1.7, c), formati sugli aghi 1, fatti cadere da diversi aghi in base al raspo selezionato. Per fare questo, gli aghi da cui devono essere lasciati cadere gli schizzi vengono portati a completa conclusione, e poi abbassati da un cuneo di mazza e, senza ricevere filo (il filo non viene posato), lasciano cadere gli schizzi da se stessi. Gli aghi rimanenti dello stesso supporto per aghi e gli schizzi di peluche rimangono sotto i ganci di questi aghi.

Questi aghi vengono successivamente utilizzati per l'infeltrimento, la profondità di infeltrimento in questo caso è maggiore rispetto alla formazione di schizzi di peluche. Di conseguenza, i contorni sotto i ganci degli aghi si allungano tirando il filo dai contorni adiacenti che sono stati fatti cadere dagli aghi, che diminuiscono di lunghezza.

Come risultato, gli schizzi di peluche di diverse altezze si formano in una fila (Fig.1.7,c), la superficie acquisisce un carattere di rilievo. Nel limite, quando il filo dei contorni caduti viene completamente tirato nei contorni adiacenti, si ottiene un peluche con una superficie uniforme, ma con contorni allargati (Fig.1.7,d).

1.2. Maglia felpata foderata

La maglieria foderata in felpa ha un'ampia applicazione, i prodotti che ne sono fatti sono molto richiesti dalla popolazione. Viene utilizzato per biancheria intima calda, abbigliamento sportivo, prodotti per bambini, fodere per cappotti, tappezzeria per mobili. Questo tipo di maglieria può essere utilizzata anche come pelliccia artificiale. Il tessuto a maglia foderato è ampiamente utilizzato nell'industria della gomma per foderare galosce e stivali. I lati anteriore e posteriore di tali tessuti a maglia possono essere realizzati con filati o filati diversi. Sul lato sbagliato si formano filati o disegni foderati. Le operazioni di finitura come il feltro e il tufting migliorano le proprietà termiche e igieniche dei tessuti.

Una maglia di tessuto foderato è una maglia che contiene filati aggiuntivi nel terreno che non sono lavorati a maglia in loop. Questi filati extra sono lavorati a maglia nel terreno tirando alcuni anelli attraverso il contorno dei filati di rivestimento [7].

Quando si lavora a maglia, i fili di trama vengono stesi sugli aghi come contorni, portati ai vecchi anelli e scaricati con essi sui nuovi anelli. La differenza principale tra i linters e le trame è che i fili di trama non vengono posati sugli aghi, mentre i linters possono essere posati sugli aghi, ma non vengono portati sotto i ganci degli aghi, ma vengono scaricati insieme ai vecchi anelli su quelli nuovi [29, 30, 31].

Il miglioramento della qualità degli articoli prodotti, il miglioramento e il rinnovamento dell'assortimento di tessuti a maglia è uno dei compiti urgenti che l'industria della maglieria deve affrontare. E' possibile risolvere questo problema con l'aiuto di nuovi tipi di strutture di tessitura a maglia, ottenibili grazie ad analisi tecnologiche, ma poco studiate strutture di tessuti a maglia.

Una di queste strutture è il tessuto a maglia foderato, che si suddivide in tessuto a maglia singola e doppia a seconda della composizione del terreno. A sua volta, l'armatura a terra singola e doppia può essere principale, derivata, modellata e combinata [32, 33].

Nel gruppo delle trame a singolo filo, le più studiate sono le trame basate sulla pianura (trama principale), basate sulla pianura derivata (trama derivata) e basate sulla trama pressata (trama del modello) [34, 35]. Tutti i nastri monostrato conosciuti vengono utilizzati nell'industria per la produzione di materiali di rivestimento e nei prodotti tecnici. Gli studi sui processi di produzione del gruppo di armature a doppia fodera non sono stati praticamente condotti. L'ampliamento della gamma di tessuti a maglia di armature a maglia è possibile solo con uno studio dettagliato delle armature a maglia già note, ovvero lo studio della loro struttura, delle loro proprietà e dei metodi di tessitura.

Pertanto è necessario risolvere i problemi relativi all'ampliamento dell'assortimento di prodotti a maglia a scapito della creazione di tessuti a maglia con elevate proprietà di protezione termica e stabilità di forma elevata, e anche sviluppare il processo di produzione di tessuti foderati e le tecnologie del processo di produzione di prodotti da questo tessuto a maglia.

A tal fine sono stati esaminati la letteratura tecnica e periodica, le tesi di laurea e i brevetti che trattano questo tema.

C'è un'opera ben nota [36] che descrive la struttura della maglieria tessuto foderato, in cui il filo di fodera è infilato sugli aghi di entrambi gli aghi e la maglieria macinata è un unico tessuto.

La Fig. 1.8 mostra la struttura e la Fig. 1.9 mostra una registrazione grafica

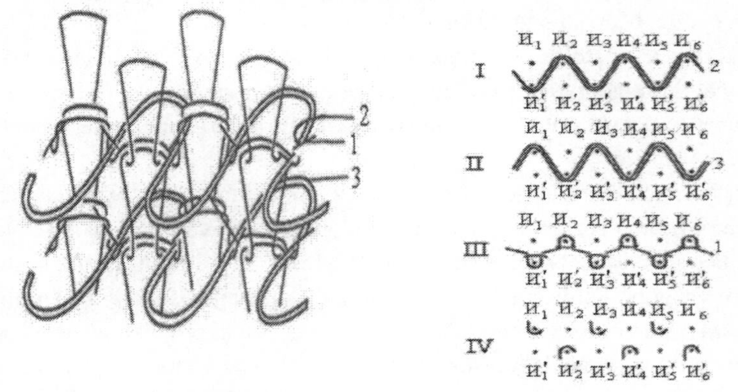

Figura 1.8. Struttura del coulirRig 1.9. Notazione grafica
tessuti a maglia a pelo su entrambi i lati, tessuti a maglia a pelo su entrambi i lati,
tessuti a maglia a pelo su entrambi i lati

della produzione di un tessuto a maglia biadesivo in pile.

La maglieria in pile Coulir (Fig. 1.8) è composta da un filato smerigliato 1, legato con una trama a pinza, un ulteriore filato 2, legato a forma di vello sull'ansa anteriore e posteriore del terreno, e da un filato felpato 3, che forma l'ansa del vello su entrambi i lati della maglia ed è legato tra le brocce, l'ansa del terreno e il contorno del filo extra.

Secondo la Fig. 1.9, gli I-IV sono sistemi di rilegatura della macchina. Nel sistema I-st, i cilindri dispari $I1_{,3,5}$ e persino gli aghi a disco $I2_{,4,6}$ vengono sollevati all'altezza della detenzione incompleta e su di essi viene posato il filo supplementare 2, formando dei calchi sugli aghi. Gli aghi del sistema II-nd vengono sollevati all'altezza della carcerazione incompleta anche gli aghi cilindrici I1, 4, 6 e l'ago a disco dispari I1, 3, 5 e adagiarvi sopra un filo di peluche, formando un punto d'ago. Nel III sistema, gli aghi cilindrici dispari $I1_{,3,5}$ e gli aghi a disco pari $I2_{,4,6}$ vengono sollevati all'altezza del confinamento completo e il filo di terra 1 viene lavorato a maglia nei passanti. Nel sistema IV-esimo sistema anche gli aghi cilindrici $I2_{,4,6}$ e gli aghi dispari Hij3j5 a disco vengono sollevati all'altezza del confinamento completo e fatti cadere da essi filo di peluche, l'alimentazione del filamento agli aghi in questo sistema non viene effettuata. Il tessuto a maglia che ne risulta ha elevate proprietà termiche, ma la lunghezza dei fili di felpa sul davanti e sul lato sbagliato non è la stessa, perché la resistenza del fissaggio del filo di felpa nel terreno non è sufficiente.

Nel lavoro [37] viene proposto un nuovo tipo di tessuto a maglia bifacciale con maggiori proprietà di protezione termica. La struttura del tessuto a maglia bifacciale è presentata in fig.1.10.

La maglia contiene una L anteriore e una fila di loop I, che formano un fronte e una fila di loop, e coulisse P, tese davanti ai loop anteriori e due fili di piè di pagina F. Il filo di piè di pagina F giace sugli archi di loop E, piegando all'indietro i coulisse di terra P, escono alternativamente da un lato e dall'altro della maglia, coprendo uniformemente la superficie della maglia da entrambi i lati.

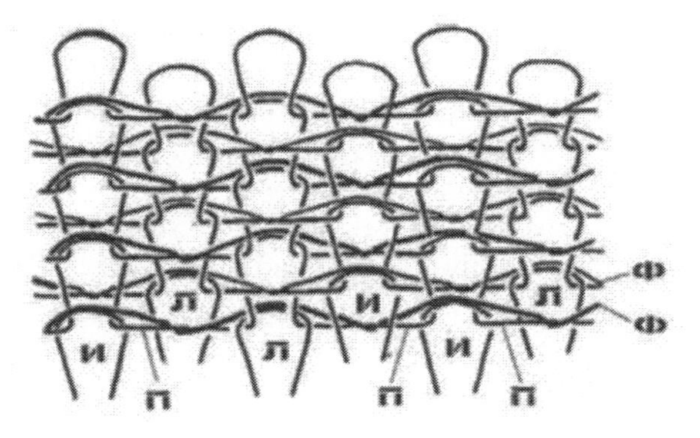

Fig.1.10. Struttura del tessuto a maglia bifoderato

Per ampliare la gamma dei tessuti a maglia e aumentare le proprietà di protezione termica dei tessuti a maglia foderati, il Prof. V.A. Zinovieva propone una nuova struttura di tessuti a maglia foderati su entrambi i lati [38].

La Fig. 1.11 mostra la struttura della maglieria proposta è prodotta sulla base di un ricamo derivato e contiene le file di terra anteriore 1 e posteriore 2, ognuna delle quali è un ricamo derivato con i fili futer F1 e F2 lavorati a maglia. I filati elasticizzati P1 e P2 vanno sul lato sbagliato della maglia in prima fila, mentre in seconda fila i filati elasticizzati P3 e P4 dei piè di pagina F3 e F4 vanno sul lato destro.

Con l'obiettivo di ottenere maglieria foderata con un maggior grado di fissaggio del filo nel terreno, riduzione della capacità del materiale e aumento della permeabilità all'aria, miglioramento delle proprietà igieniche nel lavoro [39] si propone una nuova struttura di maglieria foderata a doppio strato [39]. La fig. 1.12 mostra la struttura della maglieria a doppio kulirn, che in relazione all'altezza contiene sette file ad anello.

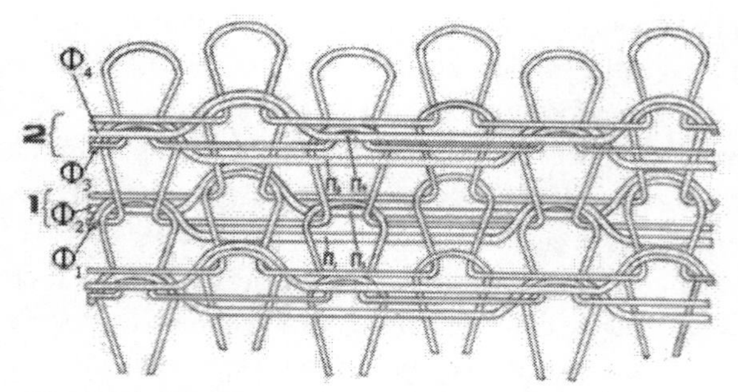

Fig.1.11. Struttura del tessuto a maglia bifoderato

La larghezza del RAPPORT è costituita da un anello dritto L e da un anello inverso I. Gli anelli frontali L di trama incompleta L2, L3, L4, L6, L7 e gli anelli inverso E di trama incompleta rispettivamente I2, I3, I4, I4, I6, I7, lavorati con il filo G2, G3, G4, G4, G6, G7, collegati tra loro mediante il trailing Pr. Gli schizzi frontali H1 e posteriori H2 da un filo per futer F, tessuti nella fila I, sono fissati in un tessuto a maglia con una coulisse Ps di loop I2, I3, I4, I6 e L2, L3, L4, L4, Lb di conseguenza. Allo stesso tempo, il filo del vello è fissato nel terreno da archi di platino di anelli di anelli di diverse file di tessuto a maglia macinato.

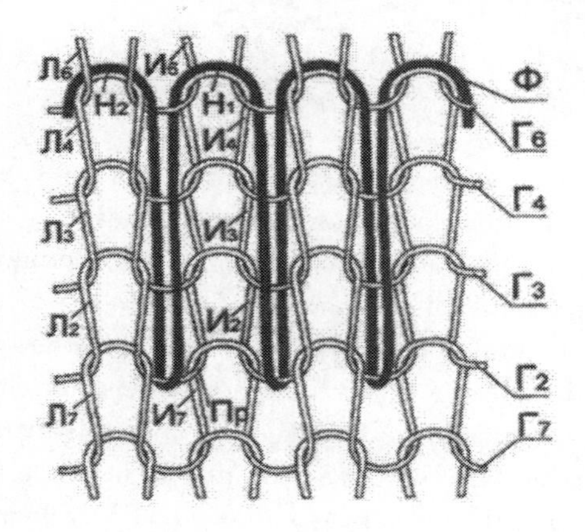

Fig.1.12. Struttura della maglieria foderata a doppia kulirin

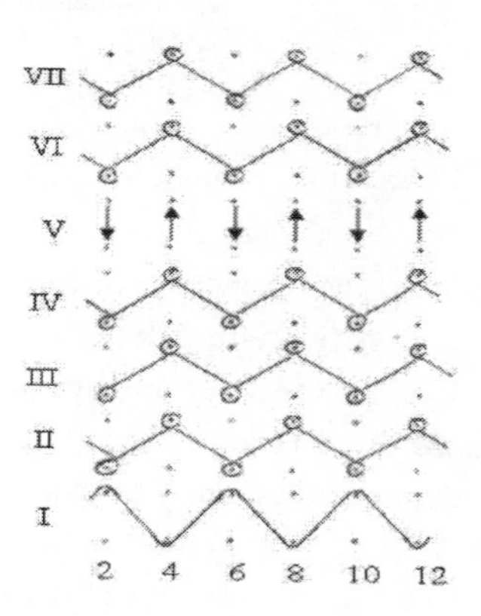

Fig. 1.13. Registrazione grafica della formazione di tessuto a maglia con doppia fodera di chinotto

La struttura proposta per il doppio

(Fig. 1.13) a seguito della posa del filo F della prima fila su metà degli aghi del primo e del secondo ago, cioè sugli aghi 2, 3. Quando si lavora a maglia un'armatura ad anello fila II, III, 1Unfull weave, composta rispettivamente dagli anelli frontali L2, L3, L4 e dal lato sbagliato L2, L3, L4 loop, sull'altra metà degli aghi di entrambi gli aghi, cioè gli aghi 1, 4, le brocce Pr si trovano tra il contorno H1 e H2 filo futer F. Nella quinta fila, il punto anteriore H1, situato sull'ago 3, viene trasferito al punto posteriore I4, situato sull'ago 4.

Di conseguenza, il backsplash H2 situato sull'ago 2 viene trasferito sul punto anteriore L4 situato sull'ago 1 . Quando una fila viene lavorata a maglia con un'armatura incompleta, composta da un punto Lb e Ib e da un punto posteriore, l'H1 e l'H2 vengono fatti cadere sul Pr di questi punti. Poi la fila VII viene lavorata a maglia.

Il filo più fitto, posto su metà degli aghi di entrambi gli aghi e collegato al tessuto di terra lavorato sull'altra metà degli aghi di entrambi gli aghi, produce cellule colorate su entrambi i lati del tessuto. Questo effetto si trova su entrambi i lati del tessuto a maglia, poiché gli indici dei fili del piè di pagina su entrambi i lati del tessuto a maglia sono gli stessi.

La struttura proposta della maglia a doppia maglia con un filo di vello posato in essa, costituita da schizzi, è legata su metà degli aghi di entrambi gli aghi. Ciò consente di ridurre il consumo di materiale, aumentare la permeabilità all'aria e migliorare le proprietà igieniche del tessuto a giro inglese doppio. Poiché il filo di giro inglese è avvolto intorno a un gran numero di anelli di terra, il grado di ancoraggio alla struttura della trama aumenta.

Il metodo per ottenere la maglieria foderata è complicato, poiché è necessario trasferire le fodere dagli aghi di un ago agli aghi dell'altro. Il tessuto a maglia che ne risulta ha basse proprietà di protezione termica, in quanto la struttura del tessuto a maglia manca di brocce per il rivestimento.

A questo proposito, presso il dipartimento "Tecnologia dei materiali tessili". (TITLP) ha condotto una ricerca sullo sviluppo di nuove strutture e metodi per la produzione di maglieria foderata ad imitazione dell'effetto peluche. Di conseguenza, è stata proposta una maglieria foderata con effetto felpato a imitazione dell'effetto peluche sulla base della stiratura con 1+1 fodera di filato per piè di pagina [8].

Nella proposta di maglia sui passanti di terra 1, formata dal filato di terra a (Fig. 1.14, a) ha allegato un ulteriore filato di piè di pagina b, formando una broccia di piè di pagina 2, che intreccia il terreno in ogni fila di passanti.

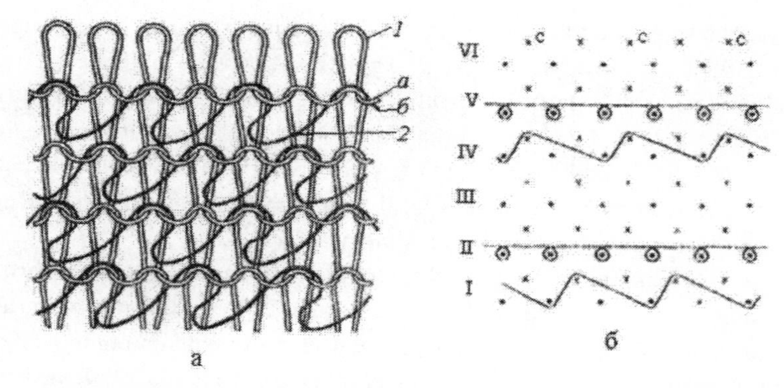

Fig. 1.14. Struttura e posa dei filati a maglia di maglia a trama rivestita

Per ottenere una superficie uniforme sul lato inferiore, i cordini del liner sono sfalsati sul tessuto. Una maglia foderata su una macchina per maglieria circolare viene prodotta come segue.

All'inizio del processo di fabbricazione delle asole, le vecchie asole vengono lasciate sugli aghi del cilindro; gli aghi del disco con le linguette aperte sono privi di asole. Le linguette degli aghi si aprono con i dispositivi di apertura delle serrature delle placchette degli aghi.

Nel primo sistema di looping, il liner b viene posato su aghi pari di disco e cilindro (Fig. 1.14,b). Per fare questo, gli aghi dei cilindri non vengono tirati fuori fino al livello del confinamento completo e le vecchie asole non vengono lasciate cadere da essi, lasciandole sulla lingua. Le vecchie asole vengono mantenute sugli aghi che non sono coinvolti.

Nel secondo sistema, gli aghi a disco vengono spenti dal lavoro e su di essi vengono mantenuti i rivestimenti, e tutti gli aghi dei cilindri vengono sollevati fino al livello di conclusione per la posa del filo di terra a, da cui si forma un cappio. Allo stesso tempo, le anse precedentemente formate vengono fatte cadere sulle nuove anse degli aghi cilindrici pari insieme ai contorni dei semi di lino. Nel terzo sistema, gli aghi del disco vengono rilasciati dai rivestimenti. Anche gli aghi del disco vengono sollevati all'altezza della conclusione completa per scartare i linters. Non viene posato alcun nuovo filo e gli aghi del cilindro vengono imbastiti.

Se la lavorazione a maglia nei sistemi di asole successive viene eseguita nello stesso modo del primo, secondo e terzo sistema, i successivi tiri saranno sempre formati sugli stessi aghi e il tessuto avrà strisce longitudinali in rilievo di ulteriori tiri. Per ottenere una maglieria con una superficie uniforme del pelo nei sistemi successivi, i tiri della camicia devono essere formati su aghi vicini, cioè nel quarto sistema, il filo della camicia deve essere posato sugli aghi dispari del cilindro e del disco. Nel sesto sistema, il liner tira dagli aghi dispari del disco deve essere scartato. La maglia che ne risulta sembra una maglia di peluche.

Nel metodo proposto per la produzione di maglieria foderata, sono necessari sei sistemi di looping per formare un'unica pista di tessitura. Se si considera che il rasporto a trama consiste di due file di asole, allora, di conseguenza, per formare due file di asole, sono necessari sei sistemi di looping.

La riduzione del numero di sistemi coinvolti nella formazione di una singola trama può essere ottenuta combinando la caduta delle tracce del liner e la posa del liner e dei fili di terra nello stesso sistema di looping. In questo caso, la goccia del liner tira dagli aghi pari e dispari del disco viene effettuata in un unico sistema, e il filo del liner viene posato sulle aste degli aghi del cilindro dietro le loro linguette e sotto i ganci degli aghi del disco; nello stesso sistema, il filo rettificato viene posato sugli aghi del cilindro. Allo stesso tempo, i loop precedentemente formati insieme al liner vengono fatti cadere sui nuovi loop sugli aghi pari del cilindro. L'allineamento della camicia e dei fili rettificati nello stesso sistema si ottiene cambiando il percorso dell'ago del cilindro e del disco. Ne risultano tre sistemi invece di sei.

La lunghezza degli ulteriori tiri nel tessuto a maglia è la stessa di quella della maglieria felpata, perché il filo ulteriore viene colato dagli aghi del disco nel processo di formazione. Pertanto, il tessuto a maglia risultante può essere utilizzato senza l'operazione del pelo.

Un ulteriore allungamento dei tiri del futer può essere ottenuto aumentando la distanza tra gli aghi e la profondità di accoppiamento del filato del futer con gli aghi del disco. Per produrre questo tipo di maglieria non è necessario modificare il design della macchina o installare ulteriori meccanismi e attrezzature. La macchina è in grado di produrre maglieria di tutti i tessuti usati in precedenza, cioè la produzione di maglieria felpata foderata su questa macchina non limita le capacità tecnologiche delle macchine, ma, al contrario, le espande.

Nella produzione di maglieria felpata foderata, il disegno di posa del filato è di almeno due (1+1). Ciò significa che durante il processo di looping, il filo del liner viene infilato su un ago sul nucleo e sull'altro ago dietro la schiena. Di conseguenza, il numero di aghi e di elementi aggiuntivi coinvolti nell'avvolgimento del filo successivo si riduce della metà rispetto all'avvolgimento del filo di peluche nella produzione di maglieria di peluche. Ciò si traduce in una riduzione dell'inceppamento del filato fouter durante l'operazione di laminazione della lana.

Un altro fattore che aiuta a ridurre il looping è che c'è solo una fodera sotto il gancio dell'ago durante il looping e non entra in contatto con il filo di terra durante tutto il processo di looping, tranne che durante il ritiro e la formazione, dove la fodera viene fatta cadere con il vecchio loop sul nuovo loop del filo di terra. Con la maglieria di peluche, invece, sia i filati di peluche che quelli macinati sono sotto il gancio al momento della strigliatura.

A causa del movimento dei filati a diverse velocità durante il taglio, si verifica un attrito tra di essi che può portare ad un aumento del grado di tensione dei filati e quindi ad un aumento del pizzicamento del filo di peluche durante il taglio. Questo a sua volta può limitare il campo di variazione della lunghezza dei filetti di peluche.

A conferma di questo presupposto è stato effettuato un esperimento, nel corso del quale durante la produzione sulla macchina per maglieria circolare a doppio feltro di filati felpati e foderati è stato effettuato un esperimento, nel corso del quale durante la produzione sulla macchina per maglieria circolare a doppio feltro di filati felpati e foderati la profondità di tessitura dei filati felpati e piè di pagina è stata modificata da elementi aggiuntivi. I risultati dell'esperimento hanno mostrato che il range di variazione della profondità di taglio di un filo di felpa con elementi aggiuntivi durante la produzione di un tessuto a maglia in felpa è 1,4 volte maggiore di quello di un filo di felpa durante la produzione di un tessuto a maglia in felpa.

Questo esperimento conferma le conclusioni che il range di variazione della profondità del liner aumenta quando lo si piega con elementi aggiuntivi. Questi risultati rendono possibile la produzione di maglieria foderata su una macchina con una maggiore altezza del cordoncino della fodera senza il timore di incepparsi del filo della fodera durante il taglio.

Al fine di migliorare la qualità del tessuto a maglia foderato aumentando la proprietà di protezione termica del tessuto a maglia, nel [40] è stato proposto un metodo di lavorazione del tessuto a maglia foderato su entrambi i lati.

La Fig. 1.15,a mostra la struttura e la Fig. 1.15,b il processo di lavorazione a maglia della maglieria bifacciale.

Come si può vedere dalla struttura della maglieria bifacciale, ottenuta sulla base della trama combinata (Fig. 1.15,a), gli anelli posteriori si trovano su entrambi i lati della maglieria, il che porta all'uscita di fodere allungate tira *1* e *2* anche su entrambi i lati del tessuto.

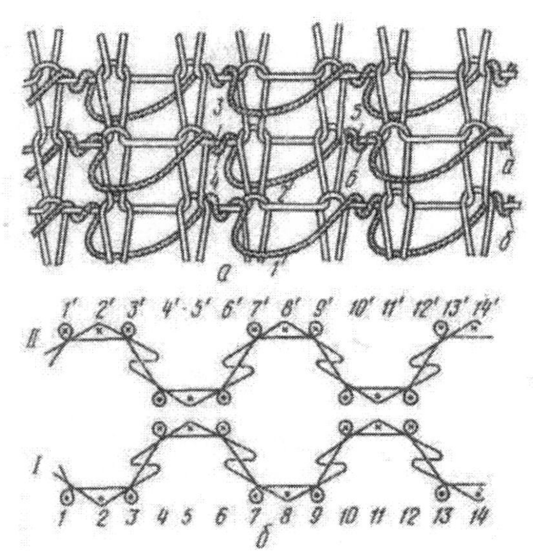

Figura 1.15. Struttura e processo di lavorazione a maglia di maglieria bifacciale

Il filato Futer *b* viene avvolto in ogni punto e, avvolgendo gli archi di platino dei punti *3, 4, 5, 6, ecc.,* viene posto alternativamente su un lato della maglia in ogni fila e attraverso due punti. Questa sequenza può variare.

Per produrre questo tipo di maglieria, la macchina circolare rotante è impostata per lavorare a maglia una gomma 3+3. Durante il processo di looping, gli aghi si muovono alternativamente verso il cilindro superiore e inferiore. A differenza del metodo esistente, il nuovo metodo utilizza uno dei tre aghi *(2, 2', 5, 5', 5', 8, 8' ecc.*) per l'avvolgimento del filo del piede (Fig. 1.15,b). Di conseguenza, due aghi in ogni cilindro sono legati con anelli di terra, e la trama di base in questo caso consiste in una combinazione di due aghi e gomma 2+2. Sono necessari due sistemi di looping per formare un unico rapporto di trama. Nel primo sistema, gli aghi *1,3, 4', 6', 7,9, ecc.* file di gomme da cancellare *2+2, e* gli aghi *2,5', 8*, ecc. dei cilindri inferiore e superiore formano le filettature del piè di pagina. In questo sistema, il filo del piè di pagina viene infilato sulle aste degli aghi *1, 3, 4' 6' 7,9,* ecc. e insieme ai vecchi anelli viene fatto cadere sui nuovi, e sugli aghi 2, *5', 8* viene infilato sotto i ganci, dando luogo alla formazione di brocce del piè di pagina.

Nel secondo sistema, tutti gli aghi del cilindro inferiore vanno al cilindro superiore e gli aghi del cilindro superiore vanno al cilindro inferiore e nella stessa sequenza formano anelli di terra e brocce a piè di pagina. Mentre nel primo sistema gli aghi *2, 8, 14, ecc.* formano punti di ancoraggio su un lato della maglia, nel secondo sistema formano già punti di ancoraggio anche sull'altro lato. Gli aghi 2', 8', 14', ecc. lavorano nella stessa sequenza. I porta aghi di quegli aghi, che formano i passanti, hanno sotto di loro degli spintori che alzano e abbassano gli aghi per resettare i passanti. Gli spintori appositamente selezionati vengono sollevati e abbassati dai cunei del sistema di maglieria. Le brocce futer scartate vengono guidate tra gli aghi con le spazzole, che vengono installate in quella zona, dove termina il processo di reset di queste brocce. Così, in ogni fila di punti di tale maglieria (I, II, ecc.), c'è un'alternanza di due punti anteriori con due punti posteriori (vedi Fig. 1.15,a).

Per produrre questa maglieria su una macchina circolare, è necessario installare un guidafilo aggiuntivo per l'infilaggio della fodera. Il guidafilo supplementare deve essere installato in una posizione tale che l'albero dell'ago del cilindro superiore e inferiore possa essere infilato sotto il pettine, e gli alberi dell'ago che formano i piedini allungati possano essere infilati sul pettine aperto. La posizione della filettatura a terra può essere lasciata invariata.

La modifica della lunghezza dei tiri del vello si ottiene cambiando la posizione del cuneo, che agisce sugli aghi che piegano il filo del vello. L'aspetto della maglia risultante è simile a quello della maglieria di peluche double-face, ma il consumo di materie prime è notevolmente inferiore. Vello allungato

Gli estraibili su entrambi i lati del tessuto a maglia aumentano lo spessore e le proprietà di protezione termica del tessuto a maglia. Pertanto, il tessuto a maglia può essere utilizzato senza l'operazione del pelo, il che significa che può essere utilizzato per produrre capi monopezzo.

1.3. Maglieria in felpa a punti

Secondo la classificazione proposta [8], a seconda della posizione delle brocce allungate sul tessuto, ci sono diversi modi di produzione della trama con la posizione delle brocce allungate su un lato del tessuto e con la posizione delle brocce su entrambi i lati del tessuto. Ognuno di questi tipi di tessuto può essere prodotto su una macchina a uno o due feltri. A seconda dell'uso di elementi aggiuntivi per la formazione di brocce allungate sul tessuto, si distingue tra tessitura di trama con e senza l'uso di elementi aggiuntivi.

La Fig. 1.16 mostra uno schema di lavoro a maglia per una trama a trama con coulisse allungata su un lato del tessuto. La maglieria viene prodotta su una macchina monotesta senza elementi aggiuntivi sulla base della stiratura.

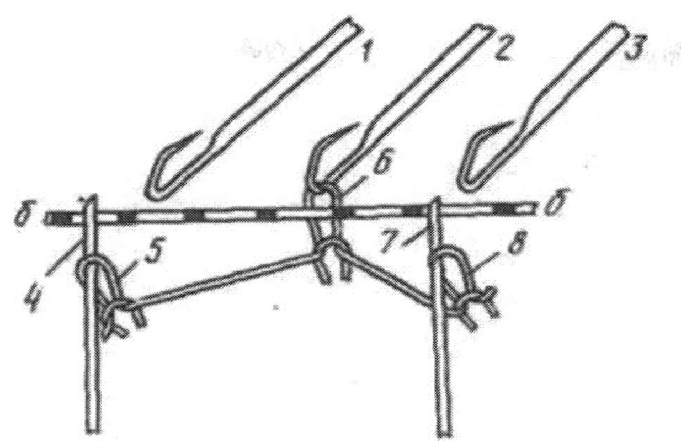

Figura 1.16. Schema per ottenere maglieria di peluche

Il filo di trama si intreccia con gli occhielli togliendo le anse dagli aghi, ponendo la trama tra le anse rimosse e non rimosse e rimettendole sugli aghi, cioè per analogia con il processo di formazione della maglieria traforata [8]. Dopo una nuova fila di punti con l'aiuto di un regolatore 4 e 7 (vedi fig. 1.16) i passanti 5 e 8 vengono rimossi dagli aghi 1 e 3 (il passante 6 rimane sull'ago 2) e tirati indietro quanto basta per permettere al guidafilo di stendere il *bb del filo di* trama in modo che si trovi tra il 5 e l'8 rimossi e non rimossi i 6 passanti.

Dopo di che, i punti vengono rimessi sui ferri da cui sono stati tolti con l'aiuto dei ferri da maglia. Quando si lavora a maglia la maglieria a trama felpata sulla base della stiratura, questo metodo riduce drasticamente la produttività della macchina, quindi questo metodo non è molto utilizzato.

La maglieria a trama felpata basata sulla maglieria a trama singola su una macchina circolare può essere prodotta senza il trasferimento dell'ago [8].

La Fig. 1.17 mostra la struttura della maglieria felpata di una trama e una registrazione grafica della posa del filato durante la sua produzione.

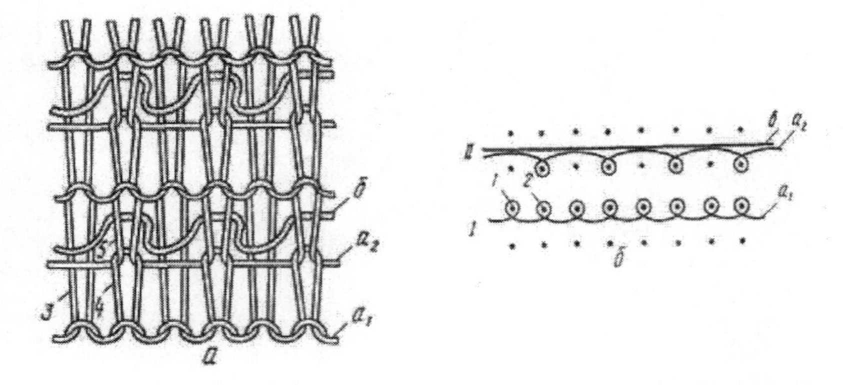

Fig.1.17. Struttura della maglieria di felpa con trama a trama e registrazione grafica della posa del filo durante la sua produzione.

Come si può vedere dalla Fig. 1.17, un tessuto a maglia è lavorato a maglia sulla base di una trama combinata. Il fondo del tessuto a maglia è prodotto con filati a1 e a2. In questo caso, dal filato a1 si formano dei cicli su ogni ago, e dal filato a2 - attraverso l'ago (può essere un'altra combinazione). Utilizzando diversi filati di restringimento, le brocce allungate sporgono sulla superficie del tessuto, creando un effetto peluche.

L'intreccio della trama della maglieria in felpa secondo il metodo raccomandato sulla macchina circolare, come segue (Fig. 1.17, b). Nel sistema I, tutti gli aghi 1 e 2 nel cilindro superiore lavorano a maglia una fila di lisciatura dal filo a1. Nel sistema II, gli aghi vengono trasferiti attraverso un ago dal cilindro superiore al cilindro inferiore e nel cilindro inferiore viene cucita una fila di punti incompleta dal filato a2. In questo sistema, la trama b viene poi infilata tra gli anelli dell'ago del cilindro inferiore e superiore. Nel sistema III (non è mostrato), anche gli aghi 2 vengono ritrasferiti dal cilindro inferiore a quello superiore e, insieme agli aghi dispari 1, la fila di punti della siringa dal filo a2. Di conseguenza, gli aghi dispari 1, che lavorano in continuo nel cilindro superiore, formando un anello allungato 3, e persino gli aghi 2, che lavorano nel processo di lavorazione a maglia in uno o nell'altro cilindro - rivolti verso 4 e 5 anelli sbagliati di dimensioni normali. La presenza di occhielli allungati 3 nella struttura della maglia riduce lo stiramento della maglia lungo la lunghezza. Per formare un unico rapporto di tessitura sono necessari due sistemi di asole.

Questo metodo è facile da usare e non richiede la rimozione delle pinze ad ago o modifiche al design della macchina. Per produrre questa maglieria è sufficiente installare sulla macchina un guidafilo supplementare per l'inserimento della trama.

Ottenendo la maglieria con il metodo raccomandato, con gli aghi spenti, lavorando ora nel cilindro superiore e inferiore, è possibile aumentare la lunghezza delle brocce dal filo di trama e aumentare la stabilità di forma della maglieria.

Al fine di migliorare la stabilità della forma della maglieria in [41] si propone la struttura e il metodo di produzione della maglieria a interlodio. La Fig. 1.18 mostra la struttura, e la Fig. 1.19 mostra il metodo di produzione della maglieria di interlining.

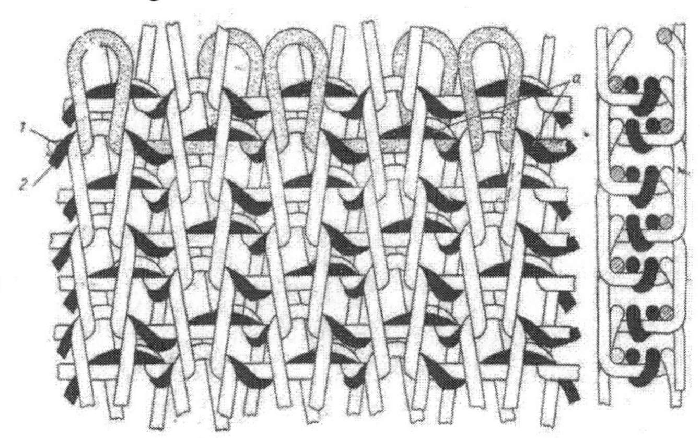

Fig. 1.18. Struttura della maglieria di interlining

Una maglia ad incastro di precisione contiene file di fili di filato smerigliato *1* e un filo di trama *2* lavorato a maglia tra i lati di questa maglia, quest'ultimo nella maglia descritta che ha la forma di contorni *a sui fili di* filato smerigliato *1*.

A questo scopo, il filo di trama *2* viene steso da un guidafilo separato all'inizio dell'avvolgimento su contemporaneamente esteso attraverso un ago *3* e *4* del cilindro e increspato sotto i loro lembi aperti, e quando si formano file di filo smerigliato *1*, steso sotto i ganci degli aghi *3* e *4, il* filo di trama *2* non viene piegato in asole, e fatto cadere come fodera o disegnare *un'asola* su asole di filo smerigliato *1*.

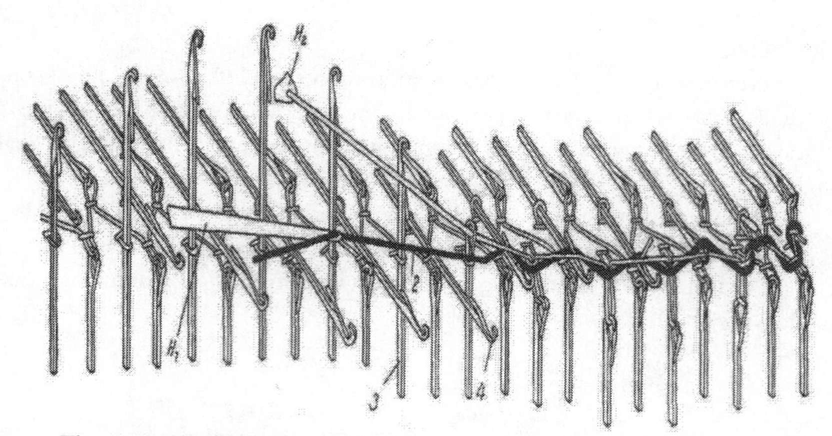

Fig. 1.19. Metodo di tessitura della maglieria a maglia intrecciata

I filati di trama *1* sono posati attraverso una fila di asole, le lunghezze dei loop nelle file dispari *2* contenenti filati di trama sono più corte dei loop nelle file pari *3* non contenenti filati di trama, e i filati di trama sono compressi da loop che li coprono. L'elevata permeabilità di un tale tessuto a maglia è dovuta alla notevole distanza tra i fili di trama, cioè alla maggiore lunghezza dell'anello in file pari. L'elevata resistenza al taglio è dovuta alle brevi lunghezze dell'anello in file dispari, per deformare sia i fili di ordito che quelli di trama, e la maglia è saldamente ancorata dalle forze di attrito. Maggiore è la differenza tra le lunghezze dei loop in file pari e dispari, maggiore è la permeabilità. In questo caso, il rapporto tra la lunghezza dei loop in file pari e la lunghezza dei loop in file dispari è superiore a 1,05. Ad esempio, 1,05-2, preferibilmente 1,2-1,5, quando si utilizzano filati sintetici lisci.

Il tessuto a maglia proposto può essere utilizzato nella produzione di tubi flessibili, in quanto il tessuto a maglia ha la tenuta e la resistenza idraulica richieste.

Poiché il filato di trama *2* è lavorato a maglia nei passanti del terreno e si trova all'interno dei lati della maglia di interlining, cioè non sporge sui lati anteriori, rende la maglia meno elastica in larghezza. Ciò consente l'utilizzo di filati economici come il cotone, che è difficile da tirare fuori dal tessuto a maglia. La produttività della manodopera e delle attrezzature non viene ridotta.

Il guidafilo per la trama *2* può essere impostato o meno in ogni sistema di maglieria, e di conseguenza la trama sarà legata in ogni fila di asole o non in ogni fila.

Come si può vedere nella Fig. 1.18, la maglia di intreccio della trama ha uno spessore pari a circa sei spessori di filato.

Sulla base dell'analisi dei lavori esistenti sulla produzione di maglieria felpata di interlacciatura placcata, foderata e a trama su macchine a singola e doppia frontura, sono stati evidenziati i loro lati negativi e positivi".

Per produrre una maglia felpata placcata si può utilizzare una maglia felpata placcata:

- macchine per maglieria circolare a un solo punto, dotate di un meccanismo a piastre per la formazione del pelo;

- macchine per maglieria circolare a doppio font, uno dei cui font è dotato di aghi, ganci mobili o perni mobili.

Le macchine Monofontour possono lavorare a maglia singola solo un peluche come tessuto metrico e non sono adatte per la realizzazione di tessuti felpati a cupola, dove il telaio è un unico tessuto felpato e la vita è una doppia trama.

Inoltre, su queste macchine non è possibile lavorare a maglia doppia jacquard per l'abbigliamento esterno in caso di un cambiamento di moda per la gamma di peluche. La possibilità di utilizzare la stessa macchina sia per la produzione di maglieria felpata singola che per la produzione di maglieria jacquard doppia permetterà, pur mantenendo lo stesso parco macchine di maglieria, di ampliare notevolmente la gamma dei prodotti realizzati.

Le macchine per maglieria circolare a doppio feltro per la produzione di peluche possono essere suddivise in due tipi:

1. Macchine in cui un ago è dotato da un lato di aghi a linguetta per la maglieria rettificata e dall'altro di elementi mobili provenienti dalle serrature che formano i contorni del peluche, ma sulle quali non è possibile in linea di principio eseguire il processo di looping;

2. Macchine che hanno entrambi gli aghi dotati di aghi a maschio e femmina, con gli aghi di un ago per lavorare a maglia il terreno e gli aghi dell'altro ago per la formazione di schizzi di peluche.

Il primo tipo di macchina non può produrre maglieria doppia. La ragione per classificare le macchine per maglieria circolari a doppio filo come il secondo tipo è una caratteristica progettuale così caratteristica come la presenza di aghi a linguetta in entrambi gli aghi della macchina, che permette alla macchina di produrre insieme alla maglieria di felpa e alla maglieria doppia.

La formazione di lanugine sui corpi di lavoro, non in grado di lavorare ad anello e installata nel disco e nel cilindro, riduce le capacità tecnologiche e di disegno delle macchine a doppia trama, non permette di ottenere una doppia trama. I processi con l'utilizzo di sistemi aggiuntivi per la caduta di brocce di peluche da aghi di giunco riducono la produttività dell'apparecchiatura.

Ci sono metodi di produzione di maglieria di peluche, dove la formazione di brocce di peluche effettuata sugli organi di lavoro del ripshayn o cilindro.

Quando il pelo viene prodotto sui bracci dell'alzata, è disponibile un'ampia gamma di variazioni di lunghezza del filo nell'anello di peluche, regolando l'altezza del braccio dell'alzata. In questo processo, il ciuffo si forma sul lato interno del tessuto che è la faccia dell'articolo finito. Tuttavia, questo complica il controllo di qualità del tessuto direttamente sulla macchina, in quanto il tessuto deve essere girato sul lato anteriore prima di tagliare.

La lunghezza del filato negli anelli di peluche prodotti sugli aghi del cilindro è più stabile, poiché il diametro del cilindro è una costante per ogni macchina. Ciò rende possibile la produzione di maglieria felpata con una varietà di modelli di pile formate dalla selezione individuale di organi di lavoro a cilindro da parte di macchine jacquard.

È noto che la maglieria di peluche è prodotta principalmente sulla base della trama liscia, la maglieria di peluche prodotta sulla base della trama liscia ha poca stabilità di forma. Questo limita il campo di applicazione della maglieria di peluche.

Al centro del processo di lavorazione a maglia felpata c'è una differenza significativa nella profondità di taglio dei filati di peluche e di terra. La maggiore profondità di fresatura del filo di peluche aumenta il numero di piegature del filo sugli aghi e sulle piastre o sui denti del deflettore, aumentando drasticamente il grado di aggrovigliamento del filo, che porta alla rottura del filo.

L'analisi della letteratura ha mostrato che il maggior numero di sviluppi dell'assortimento di tessuti foderati rientra nel campo della maglieria monofodera. Nei tessuti di queste trame, il filato di rivestimento viene fissato nei seguenti modi:

- tirando attraverso un singolo anello di terra;
- tirando due anelli di terra;
- con schizzi a stampa dei loop di terra;
- tirando attraverso due anelli placcati.

Come l'analisi ha dimostrato, tutti questi metodi di fissaggio del filo futer sono inaffidabili e quindi le strutture sviluppate non vengono praticamente utilizzate per la produzione di maglieria di alta qualità con un'uscita del filo futer sul lato anteriore degli articoli.

Il grado di fissaggio del filo del vello nelle strutture note di doppio intreccio è più elevato rispetto all'intreccio singolo, ma i processi di produzione di questi intrecci sono complessi e richiedono modifiche strutturali e riaggiustamenti delle attrezzature di maglieria esistenti.

L'analisi dei metodi di produzione noti di interlacciatura a singolo e doppio rivestimento ha mostrato che tutti richiedono modifiche strutturali delle macchine o l'uso di meccanismi aggiuntivi, ad esempio, guidafili aggiuntivi o elementi di trazione speciali, che creano sempre difficoltà per l'implementazione dei metodi sviluppati presso le imprese o richiedono la creazione di nuove macchine.

Inoltre, i nastri conosciuti sono progettati per realizzare prodotti con elevate proprietà di protezione termica. In tutte le opere conosciute vengono effettuate ricerche per il miglioramento delle proprietà di protezione termica dei nastri rivestiti. Non esistono opere dedicate allo sviluppo di tessuti foderati con maggiore permeabilità all'aria e bassa capacità di materiale, destinati a prodotti dell'assortimento primavera-estate.

Nella maglieria, le trame possono essere utilizzate come legature, scheletro, disegni, frange e filati per fodere. Le trame di maglieria con tali fili sono descritte in dettaglio nei libri di testo sulla tecnologia della maglieria e in altra letteratura tecnica. Tuttavia, è stata data pochissima attenzione alla maglieria in cui le trame sono utilizzate per creare una superficie di peluche sul tessuto.

A questo proposito uno dei compiti di questo lavoro è quello di migliorare la tecnologia di produzione dei tessuti a maglia felpati di maglia placcati, foderati e a trama, permettendo di ottenere una struttura razionale con un ridotto consumo di materiale, una maggiore stabilità di forma e migliori proprietà fisiche, meccaniche e igieniche.

Sviluppo di nuove strutture e metodi di produzione di tessuti a maglia felpati, che possono essere utilizzati nelle moderne attrezzature di maglieria, oltre ad aumentare l'affidabilità del looping quando viene prodotto.

CAPITOLO II. SVILUPPO DI UN METODO ALTAMENTE PRODUTTIVO DI PRODUZIONE DI MAGLIERIA FELPATA SU MACCHINE PER MAGLIERIA CIRCOLARE A DOPPIO FELTRO

2.1. Tecnologia della maglieria in felpa su una macchina per maglieria circolare

Il compito principale di questa sezione è lo sviluppo delle basi del processo di lavorazione, migliorando l'affidabilità del looping e la produttività della macchina per maglieria circolare nell'ottenimento di maglieria felpata basata sull'interlacciamento con il glace. Il nuovo processo di lavorazione della macchina per maglieria circolare porterà la produzione di tessuti felpati ad una nuova fase qualitativa, ampliando in modo significativo la gamma di prodotti a maglia di intreccio felpati.

Dal brevetto [42] è noto il metodo per ottenere maglieria felpata sulla macchina a tunnel circolare a doppio feltro, entrambi gli aghi sono dotati di aghi a linguetta e partecipano al processo di looping.

Una registrazione grafica della muratura del filo secondo questo metodo è mostrata in Fig.

2.1. Nel sistema I, il filetto di peluche 1 viene infilato sugli aghi dell'alzata e del cilindro e, allo stesso tempo, il filetto di adescamento 2 viene infilato solo sugli aghi dell'alzata.

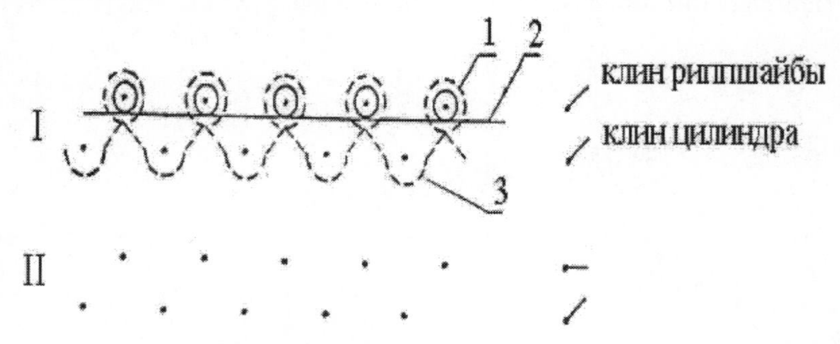

Fig. 2.1. Registrazione grafica del posizionamento del filato durante la produzione di maglieria felpata su un telaio circolare a doppio feltro

I cunei di sollevamento delle serrature dei cilindri e dei ripper sono inclusi nel sistema I. I peluche 3 si formano avvolgendo il filo del peluche con gli aghi del cilindro nel sistema I. Nel sistema II, il cuneo di sollevamento del rippshay è spento, il che permette di mantenere i vecchi anelli sugli aghi; il cuneo di sollevamento del cilindro è acceso Di conseguenza, gli schizzi plushy 3 vengono fatti cadere dagli aghi, poiché nel sistema II non viene effettuato alcun riattacco del filo. Il ciclo del processo viene poi ripetuto.

L'analisi del metodo ha rivelato una serie di carenze tecnologiche che ne complicano l'uso pratico nell'industria.

La lavorazione a maglia di almeno due filati (un peluche e un filato smerigliato) in ogni fila di asole porta ad una ridotta affidabilità del processo di looping, perché i loop costituiti da più filati con un elevato coefficiente di attrito del filato contro il filato, con una grande forza di trazione uno attraverso l'altro e di strappo.

Se la lunghezza dei filati negli anelli del terreno viene aumentata per ridurre la torsione, cioè la densità della maglia diminuisce, la maglieria perde la sua stabilità di forma e diventa inadatta per l'uso nei capi di maglieria esterna. Quando si lavora a maglia una maglia felpata con tre o più filati, ad esempio un filato smerigliato e due filati felpati, il peso della maglia aumenta e la permeabilità all'aria diminuisce in quanto ogni fila di asole ha un alto volume di riempimento con filati felpati.

Apparentemente, quindi, nonostante la popolarità del metodo dal 1941 non ha trovato applicazione industriale né nel nostro paese né all'estero, e come segue dall'industria della revisione analitica ha seguito la strada della creazione di macchine circolari specializzate per la produzione di tessuti felpati.

In [43] viene proposto un metodo per ottenere maglieria felpata su macchine per maglieria circolare a doppio feltro, in cui due file di asole sono formate da tre sistemi a cappio.

La figura 2.2 mostra una registrazione grafica della muratura del filo del metodo proposto; la Fig. 2.3 mostra la struttura dell'interlacciamento risultante.

Nel sistema I della macchina per maglieria circolare a doppio feltro, il filo di peluche 1 viene posato sugli aghi dell'alzata e degli aghi del cilindro e solo sugli aghi dell'alzata - filo rettificato 2, per il quale sono inclusi i cunei di sollevamento nelle serrature del cilindro e dell'alzata. I filetti di peluche 3 si formano sugli aghi del cilindro.

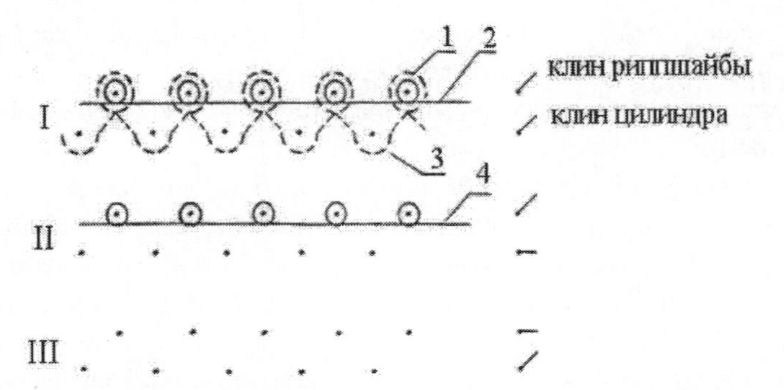

Fig. 2.2. Registrazione grafica del posizionamento del filato per la maglieria felpata su una macchina per maglieria circolare a doppio feltro

Nel sistema II della macchina il filo macinato 4 viene posato sugli aghi della piastra di ondulazione, da cui si formano gli anelli, per i quali il cuneo di sollevamento nella piastra di ondulazione viene attivato e il cuneo di sollevamento nel cilindro viene disattivato. Questo permette agli aghi del cilindro che scorrono il filo di peluche 1 nell'ondulazione 3 per passare attraverso il sistema II senza partecipare al processo di formazione dell'anello.

Nel sistema III non vengono posate filettature sugli aghi e il compito del sistema III è quello di garantire l'azzeramento degli schizzi di peluche 3 dagli aghi del cilindro. A questo scopo, il cuneo di sollevamento nell'alzata viene spento e il cuneo di sollevamento nel cilindro viene acceso, gli aghi del cilindro vengono sollevati fino alla conclusione, le scorie di peluche 3 passano da sotto i ganci alle aste degli aghi per mezzo delle linguette, e il movimento degli aghi del cilindro in direzione dell'accoppiamento nel sistema III provoca lo scarico delle scorie di peluche 3 dalle teste degli aghi. Dopo il sistema III, il ciclo si ripete per quale scopo vengono installati davanti al sistema I degli apripalo di qualsiasi progetto conosciuto, di solito sotto forma di piastre o aste affilate. Nel processo di lavorazione a maglia c'è un'alternanza costante di loop costituiti da filati di peluche 1 e 2 macinati con loop solo da filati macinati 4.

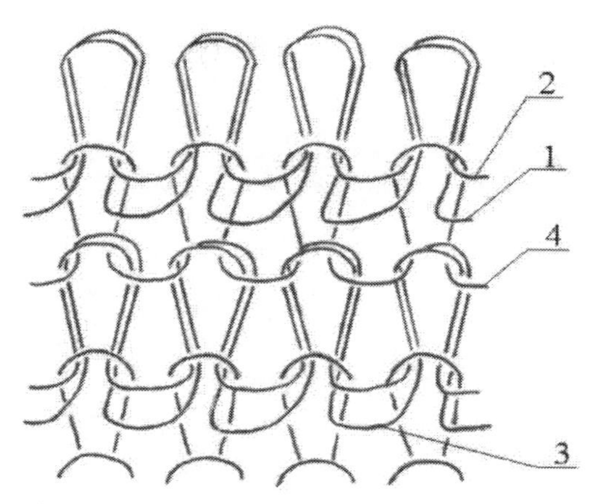

Fig. 2.3. Struttura della maglieria di peluche

Lo svantaggio di questo metodo è l'uso di tre sistemi di looping per formare un'unica trama, che riduce la produttività della macchina.

Pertanto, abbiamo sviluppato un nuovo metodo [44-46] per ottenere
maglieria di peluche su macchine a doppio feltro, che non presenta gli svantaggi dei metodi conosciuti.

La Fig. 2.4 mostra una registrazione grafica del processo di lavorazione a maglia della maglieria felpata, la Fig. 2.5 mostra lo schema del sistema a cappio e la posizione degli aghi sui sistemi della macchina quando si lavora a maglia secondo la Fig. 2.4.

Nel primo sistema, il filo di peluche 1 viene posato sugli aghi del cilindro e del rippershayn, e contemporaneamente con esso il primo primer 2 viene posato sugli aghi del rippershayn (Fig. 2.4,2.5).

Aghi cilindrici che si muovono verso il centro della macchina eseguire fumatori schizzi plushy, e gli aghi rippshayba maglia rippshayba anelli chiusi dei due fili 1, 2. Nel secondo sistema, gli aghi del cilindro lavorano a maglia una serie di anelli del secondo filetto rettificato 4, e gli aghi del cilindro, salendo e scendendo, lasciano cadere gli schizzi plushy. Per evitare che gli aghi del cilindro catturino il secondo filo rettificato, questo viene alimentato agli aghi ad ondulazione dietro il retro degli aghi del cilindro.

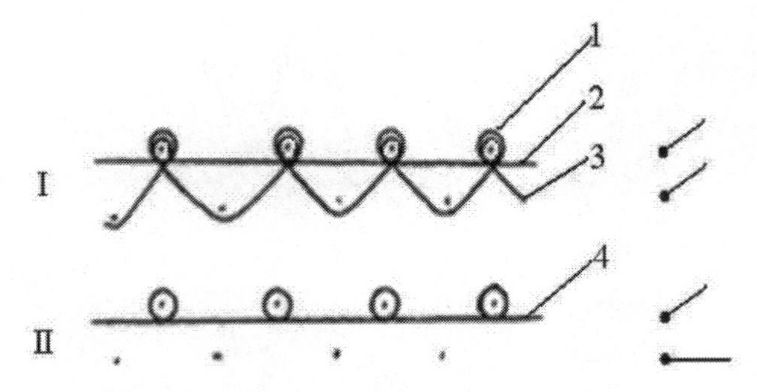

Fig. 2.4. Registrazione grafica del processo di lavorazione a maglia di una maglieria di peluche

Per migliorare l'uniformità delle asole e dei peluche, è auspicabile reimpostare i peluche con un certo ritardo, che si ottiene spostando la piastra di ondulazione rispetto al cilindro. Le linguette degli aghi vengono aperte con gli apri valvole per ripetere la calata prima del primo sistema.

L'intero processo di ottenimento del tessuto a maglia felpata può essere eseguito e viceversa, cioè sugli aghi di forma a strappo per formare contorni felpati, e sugli aghi cilindrici per lavorare a maglia anelli di terra, il che non cambia affatto l'essenza del metodo [47-48].

Ciò ha garantito un processo di looping affidabile, perché durante la lavorazione a maglia, i loop costituiti da due o più filati vengono tirati attraverso i loop formati da un filato e viceversa, il che ha praticamente eliminato la rottura del loop.

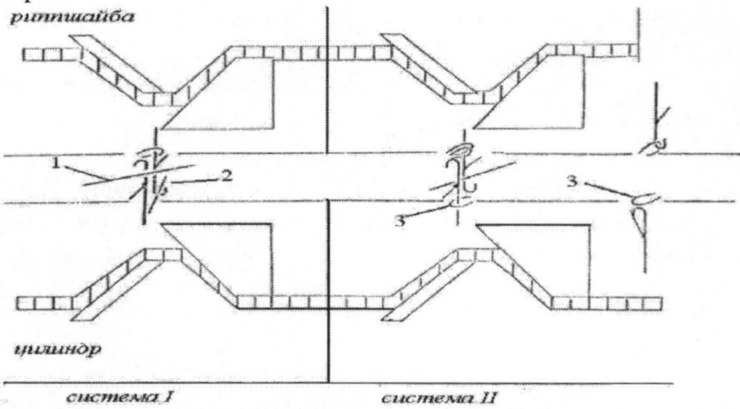

Fig. 2.5. Schema del sistema di asole e posizione degli aghi sui sistemi della macchina quando si lavora la maglieria in felpa

Questo perché più bassa è la forza di attrito che si verifica quando si tirano i nuovi loop attraverso i vecchi loop, meno probabilità ci sono che i fili nei loop si rompano.

Il metodo creato consente di preservare in modo permanente questa condizione durante la formazione dell'asola, perché in ogni altro sistema di macchine viene legato un solo filato macinato, come se si tagliasse il tessuto a maglia.

Durante la posa del filo smerigliato 2 nel primo sistema dietro il dorso degli aghi del cilindro, il filo di peluche 1 si estende verso l'esterno su entrambi i lati del tessuto a maglia. Sul lato sbagliato, il filo di peluche 1 forma gli scarti di peluche 3, e sul lato destro, il filo di peluche 1 forma gli anelli che coprono gli anelli del filo di terra 2.

Grazie al fatto che il metodo proposto per la produzione di tessuti a maglia felpati permette di ridurre il numero di sistemi di avvolgimento a due sistemi invece dei tre previsti dal metodo esistente, e questo può aumentare la produttività delle macchine del 30%.

In questo modo, il nuovo metodo permette di ottenere un tessuto felpato con una minore densità superficiale e una maggiore stabilità dimensionale.

2.2. Processo di tessitura ad anello per maglieria felpata su una macchina per maglieria circolare

Secondo la classificazione raccomandata [8,49], i metodi esistenti di produzione di maglieria di peluche, sia per caratteristiche tecnologiche che di design, possono essere combinati in due gruppi. Il primo gruppo può comprendere quei metodi, in cui la maglieria di felpa viene eseguita su macchine a un solo feltro, il secondo gruppo comprende metodi di maglieria di felpa su macchine a doppio feltro.

Gli studi sul processo di formazione dell'asola su macchine per maglieria circolare a singola e doppia frontura sono impegnati in molti ricercatori sia nel nostro paese che all'estero [50-53].

Come risultato dell'analisi del processo di looping su macchine a doppio feltro nella produzione di maglieria felpata si stabilisce che il processo di looping nella sua produzione ha caratteristiche proprie, che sono uniche per questo tipo di maglieria [54-56]. Ciò si spiega con il fatto che durante la produzione di maglieria felpata a trama placcata, il filo felpato subisce un carico significativamente più elevato rispetto al filo a zampa e a trama durante la produzione di maglieria felpata di intreccio a zampa e a trama.

L'anello di peluche nella maglieria di peluche si forma insieme all'anello di terra e il filo di peluche viene tagliato ad una lunghezza maggiore rispetto al filo di terra per formare cordoncini allungati. Nelle maglie felpate di armatura a trama fitta, il filo a zampa viene infilato selettivamente sugli aghi senza essere infilato sugli aghi, mentre nelle maglie felpate di armatura a trama fitta il filo a zampa viene inserito nell'armatura a terra senza essere infilato sugli aghi.

Su questa base, la produzione di maglieria felpata foderata e a trama viene effettuata in condizioni più favorevoli rispetto alla produzione di maglieria felpata con inserto a trama.

A differenza delle tradizionali operazioni ad occhiello, quando si producono maglieria di peluche su una macchina per maglieria circolare, si aggiunge l'operazione di rimuovere i nastri di peluche da elementi aggiuntivi. Questa operazione viene eseguita per liberare ulteriori elementi dalle brocce di peluche allo scopo di stendere e avvolgere un filo di peluche su di esse per la fila successiva e per lo stiramento finale del tessuto. L'analisi delle operazioni di formazione dell'asola nella produzione di maglieria felpata su vari tipi di attrezzature mostra che le operazioni di formazione dell'asola nella produzione di maglieria felpata si basano sul processo, che viene effettuato sulla macchina quando si produce maglieria di tessitura tradizionale, ma a causa dell'introduzione di filo di felpa aggiuntivo nella struttura della maglieria, il processo di formazione dell'asola avrà caratteristiche proprie [57 - 59]. La sequenza delle principali operazioni del processo di looping rimane invariata. Queste includono operazioni come la chiusura, la pressatura, l'applicazione, l'applicazione, l'unione, la caduta, l'avvolgimento, la sagomatura e la trazione. L'operazione di posa avviene in due fasi: 1. Infilatura in peluche e tirarla fuori sotto il gancio dell'ago; 2. Infilatura rettificata. La posa del filo smerigliato sotto il crochet in molte macchine per maglieria viene effettuata dopo l'operazione di pressatura, parallelamente all'operazione di posa. Come è ben noto nel processo di lavorazione a maglia, il nuovo filo dell'anello di solito non viene avvolto prima dell'unione, quindi il vecchio anello può essere unito con il filato, ma nella lavorazione a maglia felpata il vecchio anello viene unito con il peluche piegato e il filo smerigliato non filettato. Questo fenomeno facilita il processo di looping, ovvero l'operazione di shedding. L'operazione di looping procede contemporaneamente all'operazione di shaping. Lo spargimento del vecchio cappio sul nuovo cappio che si sta formando è preceduto dalla piegatura del filato. Per questo motivo, a volte la piegatura viene eseguita prima della muta. Tuttavia, la piegatura del filato prima e nell'esecuzione dello spargimento non è caratteristica di questa operazione, cioè la piegatura del filato che accompagna il filato non è alla base dell'operazione di spargimento. Su questa base, l'ordine delle operazioni è lo stesso descritto sopra, cioè l'operazione di looping segue l'operazione di lancio. Oltre alle operazioni di looping sopra elencate, c'è un'operazione aggiuntiva che è unica nel processo di lavorazione a maglia felpata. Questa operazione alcuni autori chiamano la rimozione delle spille di peluche, altri - scaricando le spille di peluche, e altri - rilascio. Indipendentemente dal nome, l'essenza di questa operazione è che c'è uno scarico di brocce di peluche da elementi aggiuntivi, liberandole per la posa del filo di peluche.

La sequenza degli sfili di peluche degli elementi aggiuntivi può essere eseguita in modo diverso, a seconda del tipo di attrezzatura e del tipo di elementi aggiuntivi utilizzati per il tagliafili a peluche.

Il loop sulle macchine per maglieria e uncinetto inizia con una conclusione, il cui scopo è quello di spostare il loop dalla parte superiore dell'ago alla base dell'ago e consentire l'infilaggio di nuovo filo sull'ago.

La figura 2.6 mostra l'operazione di confinamento di una maglia a felpa su una macchina per maglieria circolare.

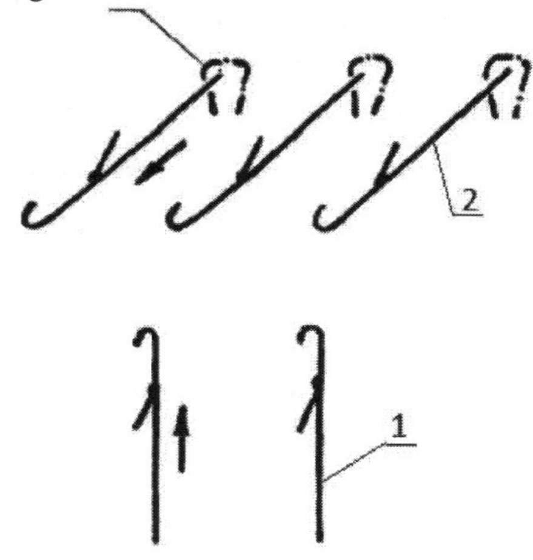

Figura 2.6: Operazione di conclusione nella realizzazione di maglieria felpata su una
macchina per maglieria circolare

Gli aghi dell'alzata 1 e degli aghi cilindrici 2 sono sollevati verso l'alto e le linguette degli aghi dell'alzata sono aperte con i vecchi anelli del filato rettificato 3, e le linguette degli aghi cilindrici sono aperte con il dispositivo di apertura delle linguette degli aghi. Gli anelli del filamento 3 sono tenuti a non muoversi insieme agli aghi dell'alzata dalla forza di retrazione del nastro. Quando la conclusione è implementata, la traiettoria degli aghi a montante e degli aghi a cilindro non cambia rispetto alla traiettoria effettuata dagli aghi a pettine sulle macchine per maglieria circolari convenzionali.

È noto che quando si producono maglieria di peluche, le spille di peluche sono di solito in uno stato sciolto al momento del confinamento. Quando il tessuto viene tirato all'indietro, il tessuto a maglia si estende per tutta la sua lunghezza, con un aumento del tiraggio aumenta il passaggio del filato dagli archi degli anelli ai loro bastoni.

Dato che gli archi di platino degli anelli di peluche sono notevolmente più grandi degli archi di platino degli anelli di terra e sono allo stato sciolto, il richiamo agisce principalmente sugli anelli di terra, che sono, al momento del confinamento, in una posizione più tesa rispetto a quelli di peluche. Gli anelli di peluche sono tesi per attrito tra i trefoli. La distribuzione non uniforme della forza di trazione tra l'anello di terra e l'anello di peluche fa sì che l'anello di terra sia il primo a staccarsi dalla lingua sull'asta, seguito dall'anello di peluche. Inoltre, il primo anello di filo di peluche è anche il risultato del fatto che il filo di peluche è più vicino all'uncino dell'ago e il filo smerigliato è più lontano dall'uncino dell'ago quando si fa l'anello. Pertanto, quando l'ago viene sollevato a conclusione, i vecchi anelli (di peluche e di terra) rimarranno nella stessa posizione in cui sono stati posati sull'ago e l'anello di terra sarà più vicino all'estremità della lingua. Pertanto, l'anello di terra si staccherà dalla lingua prima dell'anello di peluche. Pertanto, l'alzata supplementare dell'ago deve garantire non solo che l'ago esca dalla lamella sullo stelo dell'anello di terra, ma anche che l'anello di peluche esca dalla lamella sulla barra.

Pertanto, quando si esegue l'operazione di incisione, è necessario eseguire quelle condizioni che contribuiscono ad ottenere una maglieria di peluche di qualità. Per scoprire le peculiarità dell'operazione di incisione nella produzione di maglieria di peluche, è necessario seguire il corso del movimento del terreno e delle anse di peluche dall'inizio dell'operazione di incisione fino al suo completamento. Durante il passaggio dell'ansa G2 sulla linguetta aperta dell'ago 2, cioè nella zona con perimetro crescente, la vecchia ansa a terra, se le sue dimensioni sono insufficienti, dovrebbe aumentare a causa della ritensione del filo dalle anse vicine G1 e G3 situate sugli aghi 1 e 3 (Fig. 2.7.).

Poiché l'operazione di incarcerazione di una maglia felpata è per lo più sequenziale, i loop su questi aghi coprono le sezioni dell'ago che sono più piccole di quelle dell'ago 2: il loop G3 sull'ago 3 è già sceso dalla lingua, mentre il loop G1 non ha ancora raggiunto la fine della lingua. Nel momento successivo, il cappio sull'ago 2 si sposterà dalla canna, mentre il cappio G1 sull'ago 1 raggiungerà l'estremità della canna e dovrà tirare il filo dal cappio libero G2 sull'ago 2 e dal cappio successivo.

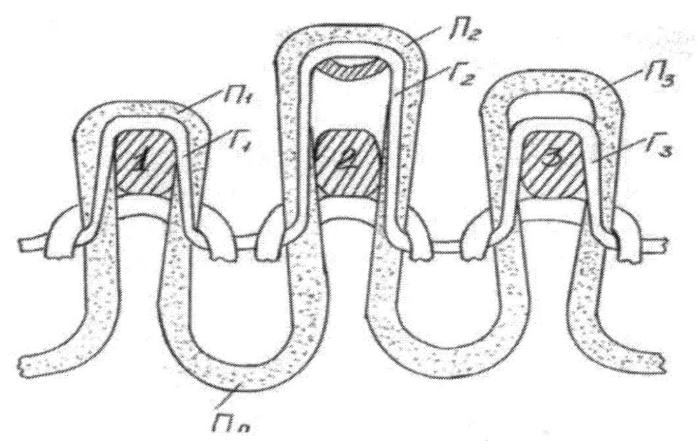

Fig. 2.7. Aggrappamento di filati di peluche e filati macinati durante l'operazione di incarcerazione

Così, se la lunghezza dell'anello è insufficiente, il tiro del filo nei vecchi anelli a terra si ripeterà in sequenza in tutti gli anelli della fila: prima il filo verrà tirato nell'anello precedente, poi il filo verrà tirato all'ago centrale, poi verrà tirato nell'anello successivo. In questo modo, il filo può essere tirato da un'ansa all'altra, con conseguente riduzione della tensione del filo, inoltre, l'eccessivo allungamento del filo durante il processo di looping contribuisce a creare un terreno denso.

Per gli anelli di peluche, il tiraggio è diverso, cioè quando il vecchio anello di peluche P2 si avvicina alla zona dell'ago con una grande circonferenza, il filo di peluche viene tirato nel corpo principale dell'anello di peluche P2 dall'anello di peluche Pn, che in questo momento è in uno stato libero. Dopo che l'anello di peluche P2 è sceso dalla linguetta sull'albero, non avviene alcuna trazione inversa del filo di peluche, poiché l'anello di peluche successivo tira anche il filo di peluche dai nastri di peluche Pn.

Così, la carcassa di un anello di peluche dopo la canna non è ridotta, ma la broccia di peluche è ridotta, così la carcassa di un anello di peluche dopo la canna rimarrà più libera la sua dimensione sarà più grande, la carcassa del vecchio anello di terra (Fig.2.7). Questo può accadere quando la carcassa del peluche e delle anse macinate è più piccola del perimetro dell'ago del pettine aperto. Ciò comporta una leggera riduzione delle coulisse in peluche, che può portare ad una riduzione dello spessore della maglia.

I risultati dell'analisi del movimento degli anelli di terra e di peluche sull'ago con la lingua aperta durante l'operazione di conclusione mostrano che il movimento degli anelli di terra e di peluche procede in condizioni diverse, ad esempio, mentre la dimensione degli anelli di terra aumenta tirando il filo dagli anelli vicini, la dimensione degli anelli di peluche aumenta tirando il filo nel corpo dell'anello di peluche dalle brocce di peluche quando lo si sposta sull'ago. Inoltre, l'anello di terra dopo l'abbassamento dalla linguetta all'asta viene ridotto tirando il filo nell'anello adiacente, e la dimensione del corpo dell'anello di peluche dopo l'abbassamento dalla linguetta all'asta non viene ridotta perché non vi è alcuna trazione inversa del filo dal corpo dell'anello di peluche alle brocce. Ne risulta un anello di messa a terra pressato a fondo e un anello di peluche allentato sull'albero dell'ago. Durante il resto del processo di looping, quando l'ago comincia a scendere, l'anello di peluche allentato sull'asta dell'ago può non cadere sotto la lingua, ma sulla lingua dell'ago, dando luogo a un doppio loop sull'ago o a una serie di loop. Il verificarsi di questo tipo di disturbo nel processo di looping dipende in gran parte dal momento in cui il peluche preleva gli elementi aggiuntivi, cioè di particolare importanza per ottenere una struttura di qualità della maglieria in peluche placcato predetermina la correttezza dell'operazione di scarico del peluche prelevato dagli elementi aggiuntivi. La sequenza di scarico delle brocce di peluche da elementi aggiuntivi può essere effettuata in modo diverso, a seconda del tipo di macchina e del tipo di elementi aggiuntivi utilizzati per il taglio del filato di peluche [60,61].

Così, un'analisi teorica delle condizioni dell'operazione di conclusione, basata su un nuovo approccio e tenendo conto delle peculiarità della struttura della maglieria di felpa, ha permesso di stabilire:

1. Per garantire l'affidabilità dell'operazione di trattenimento, è necessario ridurre l'attrito tra i filati e i corpi di lavoro migliorando la pulizia delle superfici dei corpi che formano l'anello e l'uso della cera o dell'olio per i filati;

2. L'aumento della forza di richiamo aumenta la forza di attrito del cappio sull'ago e non aiuta il cappio a staccarsi dalla lingua.

3. Durante il passaggio dell'anello di terra sulla lingua aperta durante l'operazione di conclusione della sua espansione avviene tirando il filo dagli anelli vicini, e l'espansione dell'anello di peluche dalle brocce di peluche, a questo proposito, il movimento degli anelli di peluche sulla lingua aperta è molto più facile rispetto agli anelli di terra.

4. Di particolare importanza per ottenere una struttura di qualità della maglieria di peluche placcata predetermina la correttezza del funzionamento del dumping di brocce di peluche da elementi aggiuntivi.

5. Per eseguire l'operazione di incarcerazione per produrre un tessuto a maglia di peluche con estrazioni uniformi di peluche, le estrazioni di peluche devono essere controllate il più a lungo possibile dagli organi di avvolgimento.

L'infilatura dell'ago è l'operazione più importante del processo di looping, da cui dipende l'affidabilità del suo svolgimento, come notato da molti autori. A seconda del tipo di attrezzatura utilizzata per produrre maglieria di peluche, l'operazione di looping ha caratteristiche proprie. Ad esempio, nella produzione di maglieria felpata su macchina monofontura, dove il platino è utilizzato come elemento aggiuntivo, la complessità dell'operazione di stesura è che l'ago viene contemporaneamente steso con due fili ad angoli diversi, che vengono poi separati da mantelli di piastre, che fuoriescono tra i fili stesi. Per garantire una separazione affidabile del filo, è necessario assicurarsi che il filo di peluche sia posato sul mantello del platino e il filo di terra sia posato sotto il mantello del platino. In questo modo si crea un angolo tra i filetti in peluche e quelli rettificati.

Le condizioni che garantiscono la normale filettatura degli aghi sono determinate dai valori degli angoli d'aria, i cui valori rientrano nei limiti indicati nelle opere conosciute [62,63].

I parametri di avanzamento del filetto sono determinati in base ai seguenti rapporti:

- — ; (2.1)

dove: a - angolo di avanzamento del filo dell'ago,

T è il passo dell'ago,

n è il numero di passi dell'ago tra gli aghi che eseguono le operazioni di giunzione e di pressatura,

b è la distanza tra l'albero dell'ago e il guidafilo,

Д = (2.2)

dove: P è l'angolo di avanzamento del filetto,

h - distanza del guidafilo dalla vecchia linea di asole.

Il filo smerigliato viene infilato ad angoli dell'asola e dell'ago più piccoli per garantire che il filo smerigliato colpisca il mantello della piastra, e il filo per orsacchiotti viene infilato ad angoli dell'asola e dell'ago più grandi per garantire che il filo per orsacchiotti colpisca il mantello della piastra. A seconda del numero di aghi della macchina in cui viene prodotta la maglieria in felpa, l'infilatura degli aghi e degli elementi del piano del deflettore aggiuntivo può essere effettuata in due modi: con o senza separazione dei fili in felpa e dei fili rettificati [64].

Nel caso di posizionamento del filato spaccato, la particolarità dell'operazione è che i filati felpati e macinati posti sull'ago non vengono arrotolati insieme rispetto al piano del deflettore principale, come ad esempio nella maglieria placcata, ma devono essere separati per garantire che siano arrotolati rispetto ai diversi piani del deflettore. L'operazione di separazione del filo viene eseguita quando elementi del piano del deflettore aggiuntivo, p.es. platine, escono esattamente nella fessura tra il filo di terra e quello felpato.

Durante l'infilatura senza separazione, il filo viene steso sugli elementi preestesi del piano del deflettore supplementare, e quello a terra viene steso sotto di essi e solo sugli aghi del cilindro o del disco. Conducendo un'analisi grafica del processo di looping nella produzione di maglieria felpata su macchine per maglieria circolare a doppio feltro, gli autori di [65,66] notano che quando si lavora la maglieria felpata, una chiara separazione dei fili durante la posa del filo felpato deve essere posata sull'anello che forma gli organi di entrambi i font, il filo di terra - solo sull'anello che forma gli organi di un font.

Le specifiche dell'operazione di posa si applicano principalmente al filato smerigliato, poiché la posa del filato felpato avviene nello stesso modo della produzione di maglieria convenzionale. Pertanto, una parte importante nello sviluppo del flusso di lavoro della maglieria felpata è quella di trovare i parametri ottimali dell'alimentazione del filato smerigliato: a e 0. Un'errata selezione dei parametri di alimentazione del filato smerigliato porterà ad un fallimento dell'operazione di inserimento del filato smerigliato, con conseguente difetto sul tessuto.

Per l'infilaggio simultaneo di due fili in un unico sistema di macchina: filo in felpa 1 sugli aghi dell'alzata e del cilindro e filo rettificato 2 solo sugli aghi della piastra dell'ago, il foro guida filo del guidafilo del guidafilo di peluche 1 si trova tra le teste degli aghi del cilindro e la piastra dell'ago, il foro guida filo del guidafilo rettificato 2 - dietro il piano formato dai dorsi degli aghi del cilindro (Fig. 2.8, 2.9).

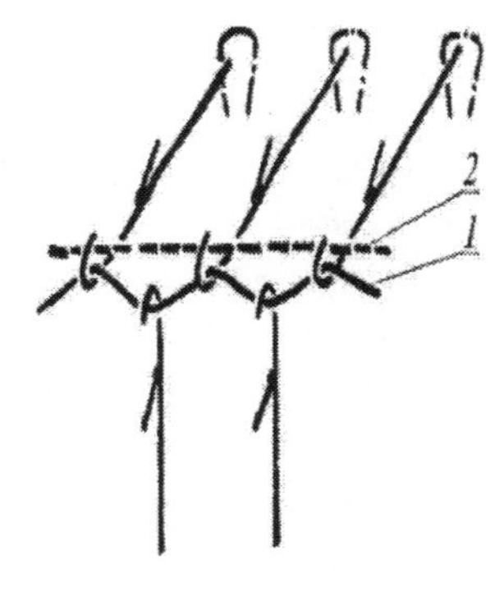

Fig. 2.8. Processo di filettatura per una maglia felpata su una macchina per maglieria circolare

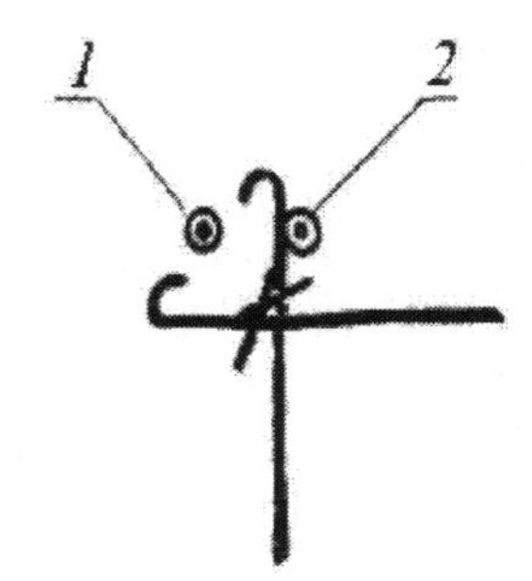

Fig. 2.9. Disposizione dei fili posati, sugli aghi quando si cuce la maglieria di felpa su una macchina per maglieria circolare

I risultati delle ricerche sperimentali mostrano che nella produzione di maglieria felpata sulle macchine circolari per maglieria a doppio feltro la specificità dell'operazione di posa si riferisce principalmente al filo smerigliato, in quanto quello felpato sulla macchina circolare per maglieria è posato dall'apertura principale del guidafilo e quindi le condizioni di posa del filo smerigliato hanno caratteristiche proprie, quindi una parte importante nello sviluppo del processo di lavorazione della maglieria felpata è quella di trovare i parametri ottimali di alimentazione del filo smerigliato a e 0.

All'operazione di posa segue la pressatura, il posizionamento, l'applicazione, l'applicazione, la giunzione, l'avvolgimento, lo scarico, la sagomatura e le operazioni di traino.

Gli aghi ad ondulazione eseguono queste operazioni in modo noto ed eventualmente sotto i ganci degli aghi ad ondulazione si trovano degli anelli formati da due fili: peluche 1 e terra 2 (Fig. 2.10).

In conformità con il processo di looping sugli aghi del cilindro, eseguire l'avvolgimento del filo di peluche 1 nei fili di peluche 3 rispetto agli aghi dell'alzata, poiché il filo di peluche 1 è appoggiato sugli aghi di entrambi gli aghi, e il filo di terra 2 è avvolto rispetto ai denti di rimbalzo dell'alzata, Figura 2.11.

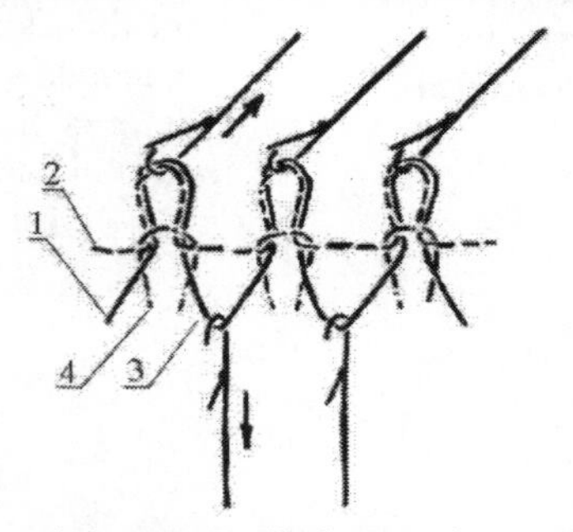

Fig. 2.10. Processo di avvolgimento nella lavorazione a maglia felpata

L'avvolgimento del filo di peluche 1 e tutte le altre operazioni di avvolgimento vengono effettuate nello stesso modo come per una maglia doppia, ad es. gomma 1+1. Lo schizzo del filo di peluche 3 si forma sugli aghi del cilindro prima che il vecchio anello del filo 4 venga fatto cadere dall'ago dell'alzata.

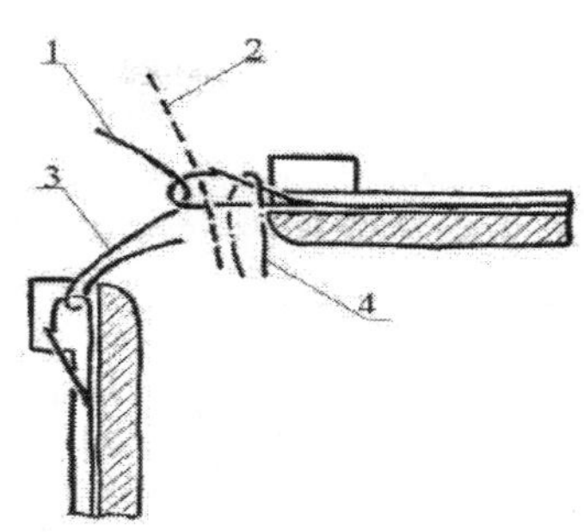

Fig. 2.11. Il procedimento del mouse nella lavorazione a maglia felpata

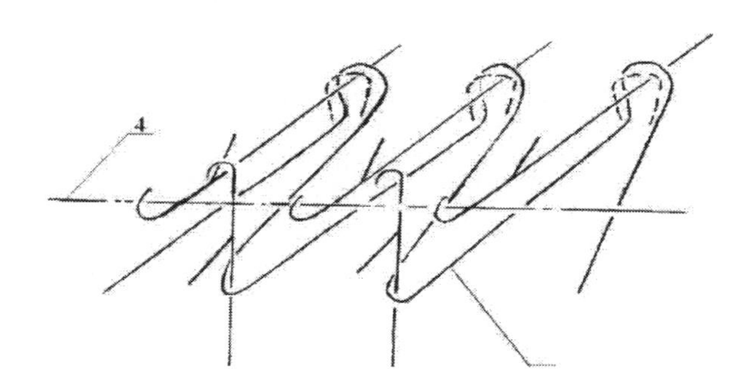

Dopo l'operazione sugli aghi dell'alzata e sugli aghi del cilindro per tirare i set di peluche 3 e le anse formate, rispettivamente, da un filo di peluche 1 e da un filo smerigliato 2, viene effettuata con aghi alzata file di stiratura da un unico filo 4 e caduta dei set di peluche 3 con cilindro ad aghi (Fig. 2.12).

Per fare questo, gli aghi dell'alzata e gli aghi del cilindro vengono sollevati fino alla loro completa conclusione, un'ulteriore guida di filettatura mette un singolo filetto di primer 4 sugli aghi dell'alzata dietro il dorso degli aghi del cilindro, e gli aghi del cilindro scendono a goccia schizzi di peluche 3 (Fig. 2.13).

Come risultato, un'ansa di filato rettificato 4 viene tirata attraverso due vecchie anse gemelle formate rispettivamente da filati felpati 1 e 2 rettificati.

Fig. 2.12. Lavorazione a maglia ad ago di una fila di cuciture e caduta di schizzi di peluche dagli aghi dei cilindri

Quando gli aghi del cilindro si muovono nella direzione dell'accoppiamento (Fig. 2.13), i ganci degli aghi vengono premuti da linguette sotto l'azione dei disegni in peluche 3 e questi ultimi vengono scaricati dagli aghi. Questo completa il ciclo del metodo ed è seguito dalla ripetizione del lavoro. È necessario prima del successivo arrivo degli aghi del cilindro nel primo sistema della macchina prima di posare il filo di peluche 1 per realizzare l'apertura delle linguette degli aghi. Durante il processo di lavorazione a maglia, Fig. 2.14. a, b, c, c, c'è un'alternanza costante nel legare un filo rettificato 4 e poi due alla volta - peluche 1 e rettificato 2 (Fig. 2.14).

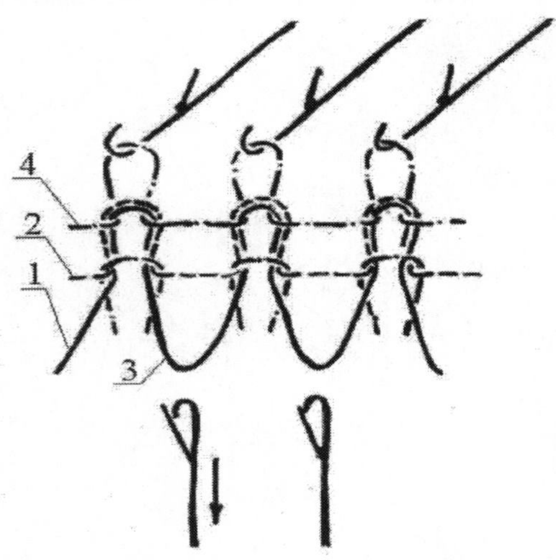

Figura 2.13. Funzionamento dello scarico di schizzi di peluche

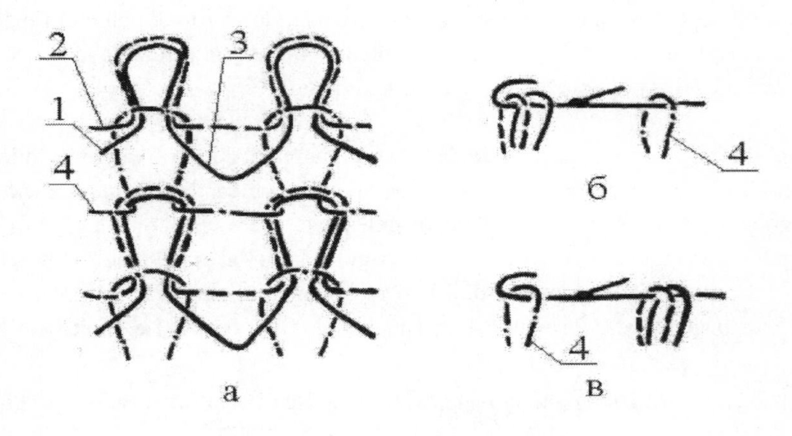

Fig. 2.14. Alternazione di un filo rettificato (a) e di due fili in peluche e rettificati (b) nella maglieria con aghi rivettanti

2.3. Metodi per aumentare la lunghezza delle brocce di orsacchiotto nella produzione di maglieria di orsacchiotto placcato

La maglia felpata appartiene alla classe dei tessuti a maglia con elevate proprietà di protezione termica. Prof. Kolesnikov ha sottolineato nei suoi scritti che il fattore principale che determina le proprietà termiche del tessuto a maglia è il suo spessore. Con l'aumento dello spessore del tessuto a maglia la sua resistenza termica aumenta proporzionalmente. Il lavoro di ricerca sull'aumento dello spessore di un tessuto a maglia felpata viene condotto in due direzioni: aumento dell'altezza di un pelo di un tessuto a maglia felpata su un lato; sviluppo di un tessuto a maglia con un pelo su due lati.

Sulle macchine per maglieria circolare a doppio feltro per la formazione di perline di orsacchiotto maggiorate con aghi a disco, le perline di orsacchiotto sono piegate sugli aghi a cilindro (sistema I). Nel secondo sistema viene effettuato il reset degli anelli di peluche a broccia dagli aghi del cilindro, e poi si aprono le linguette degli aghi [8]. Questo metodo richiede un sistema speciale per l'azzeramento delle spille di peluche. Richiede anche un piccolo sollevamento dell'ago per aprire le canne prima di ogni set di sistemi.

Metodo di lavorazione a maglia con percorso dell'ago del cilindro sfalsato e disco [67-69]. Un sistema aggiuntivo in ogni kit per lo spargimento di fili di peluche dagli aghi dei cilindri non è necessario se questi fili sono posizionati sugli aghi dei cilindri sotto le loro lingue aperte. Per fare questo, è sufficiente spostare il percorso degli aghi a disco rispetto al percorso degli aghi cilindrici di un certo numero di passi dell'ago.

Questo metodo è mostrato in Fig. 2.15. Gli aghi 1 del disco sono i primi ad arrivare alla conclusione completa. Gli aghi del cilindro 2 sono nella posizione superiore (conclusione completa o incompleta), quando gli aghi 1 del disco vanno al centro della macchina sotto l'azione del cuneo del coltro.

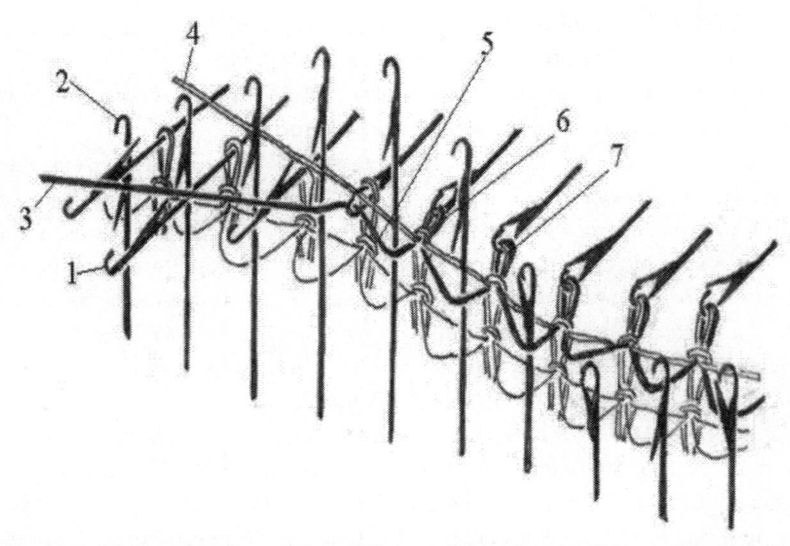

Fig. 2.15. Metodo di realizzazione della maglieria di peluche con filo di peluche su aghi sotto le linguette aperte

Se gli aghi del cilindro 2 sono incompletamente chiusi, riceveranno il filo 3 sotto il gancio, e se i ganci sono sepolti dalle linguette, che è il caso dopo che le brocce delle asole di peluche sono cadute dagli aghi, allora il filo 3 di peluche giace sulle linguette chiuse. Quando è completamente chiusa, la filettatura 3 si trova sotto le linguette aperte o chiuse e viene sempre fatta cadere dagli aghi 2 nello stesso sistema ad anello. Il filetto 4 per la formazione di anelli di terra è posto dietro il dorso degli aghi 2 del cilindro sulle linguette degli aghi 1 del disco. La lunghezza della broccia 5 in questo modo di lavorare a maglia non dipende dalla distanza tra gli aghi e dalla profondità dell'arricciatura degli aghi 2 del cilindro, ma è determinata solo dalla distanza tra gli aghi 2 del cilindro e i denti di piegatura del disco. La lunghezza degli schizzi rimane costante.

Dopo aver accoppiato i loop 6 e 7 dei filetti 3 e 4 aghi del disco vanno al cuneo guida del disco, che contribuisce al deragliamento delle brocce 5 da linguette chiuse quando vengono fatte cadere senza carico sul filo.

Il metodo ha il vantaggio, rispetto a quelli discussi di seguito, che un certo numero di maglie è lavorato a maglia in un unico sistema, e per resettare le brocce dagli aghi del cilindro non è necessario sollevare specificamente gli aghi. Si noti, tuttavia, che gli aghi dei cilindri si avvicinano ai guidafili con la lingua chiusa. Pertanto, l'infilatore dell'ago deve essere regolato in relazione ad essi in modo che le ance non si rompano. Per confrontare ulteriormente i valori limite delle lunghezze dei fili nei tirafili degli anelli in felpa nell'implementazione di diversi metodi di lavorazione della maglieria in felpa, useremo lo schema della Fig. 2.16.

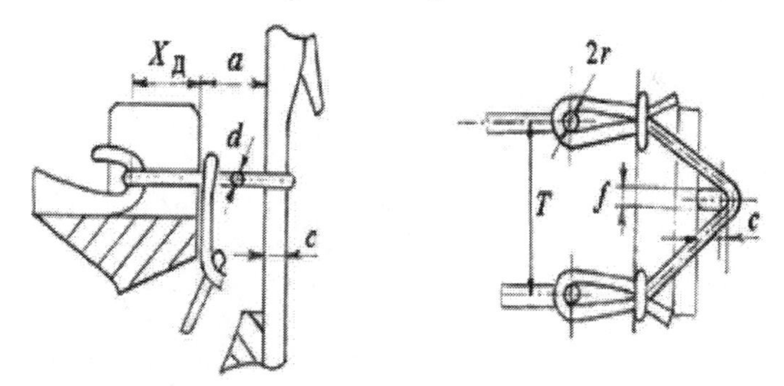

Fig. 2.16. Schema di determinazione della lunghezza del filato nelle brocce in peluche

Nel diagramma sono utilizzati i seguenti simboli:

T - passo dell'ago (mm); Xd - profondità di colatura con aghi a disco (mm); a - distanza dal dorso dell'ago del cilindro ai denti di piegatura del disco (mm); c - altezza della barra dell'ago nella sezione sotto la linguetta aperta (mm); *f* - larghezza della barra dell'ago nella sezione sotto la linguetta aperta (mm); r - raggio della sezione del gancio dell'ago (mm); d - diametro del filo di progetto (mm). La broccia di peluche si forma al momento dell'infilatura dell'ago e non cambia le sue dimensioni in seguito. Pertanto, la sua lunghezza può essere trovata come:

$$0{,}5\ y\ (/ + d) + 2 - 7(Y + c - 0{,}5/ - 0{,}5\ d)^2 + (0{,}5\ T - 0{,}5/ - 0{,}5\ d)^2;$$

Tutti i valori sono qui costanti, quindi la lunghezza del filato nella broccia con questo metodo di lavoro a maglia è costante e relativamente piccola.

Per una macchina di classe 10 abbiamo: *f* = 0,86mm; c = 1,4mm; a = 2,8mm; T = 2,54mm.

Con d = 0,25 mm si ottiene che la lunghezza del filo nella broccia dell'anello di peluche è di ~ 9,2 mm.

Il calcolo viene effettuato in modo condizionato, senza tener conto dell'appiattimento del filato sugli aghi e del suo stiramento, il valore ottenuto della lunghezza della broccia può essere utilizzato in futuro per confrontare la possibilità di diversi metodi di formazione del pelo, che si differenziano per la formazione di brocce in peluche.

Metodo per aumentare la lunghezza del peluche disegnare sollevando il disco rispetto al cilindro. Si consiglia di utilizzare questo metodo quando si lavora a maglia senza spostare i percorsi dell'ago per poter aumentare la lunghezza delle trafile del peluche, grazie all'apporto di filo dal guidafilo. Questo aumento si ottiene sollevando il disco rispetto al cilindro, che è disponibile su tutte le macchine circolari per maglieria, per cambiare contemporaneamente il filo che lavora in tutti i sistemi a cappio.

Questo metodo è spiegato nella Fig. 2.17. Gli aghi 1 del disco e gli aghi 2 del cilindro sono portati a termine simultaneamente. Entrambi i gruppi di aghi sono infilati 3 sotto i ganci.

Allo stesso tempo, dietro il dorso degli aghi del cilindro 2, il filo 4 è posto sulle linguette degli aghi 1 del disco. Poiché non ci sono vecchi anelli sugli aghi del cilindro, essi formano anelli sciolti 5 (brocce ad anello di peluche), che non vengono poi tagliati sotto i denti del deflettore del cilindro. Spostando gli aghi 2 al livello dei denti del diaframma si ottengono brocce di flessione in misura maggiore rispetto al metodo della fig. 2.15. In questo caso si ottiene una maggiore lunghezza del filo nella broccia di peluche, grazie al passaggio del filo 3 dalla trasmissione del filo.

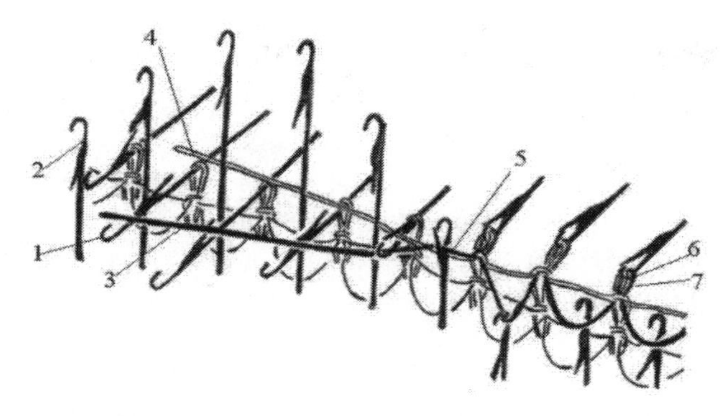

Fig. 2.17. Metodo di produzione del tessuto a maglia felpata con aumento delle brocce di peluche sollevando il disco rispetto al cilindro

Regolando la posizione del disco rispetto al cilindro, è possibile modificare la lunghezza delle brocce di peluche. Il metodo richiede un sistema speciale per l'azzeramento delle brocce 5 dagli aghi 2.

Più lunga è la lunghezza degli anelli di peluche, più allentati sono posizionati sugli aghi 2 del cilindro davanti al sistema di reset. Ciò è facilitato anche dagli aghi 1 che sono saliti al cuneo guida del disco e dagli anelli 6 e 7 che si sono allentati. Più il disco è sollevato, più lunghe sono le brocce 5 e più allentate sono posizionate sugli aghi del cilindro. Per specificare la loro lunghezza ottimale, facciamo riferimento al diagramma della Fig. 2.18.

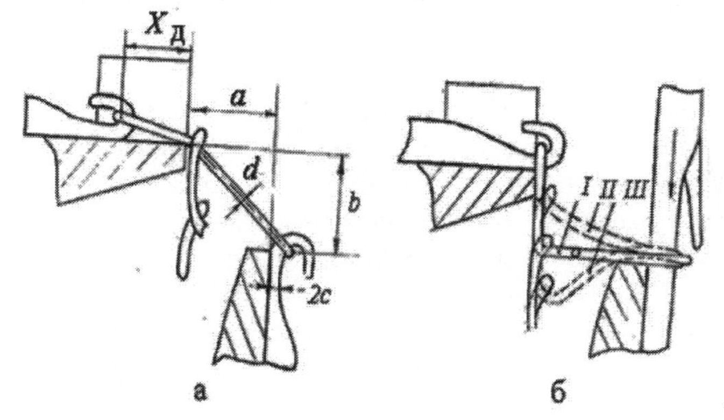

Fig. 2.18. Schema per la determinazione della lunghezza del filato in un cordoncino di peluche

Per analogia con lo schema precedentemente considerato (Fig. 2.16) da questo abbiamo che la lunghezza del filo nella broccia di peluche è uguale (Fig. 2.18,a):

dove b *è la* distanza tra il dorso degli aghi del disco e i denti del deflettore del cilindro. Per la macchina di classe 10 con $r = 0{,}3$mm per il caso $b = 3$mm si ottiene la lunghezza della broccia ~ 9,7mm, e per il caso $b = 6$mm la lunghezza della broccia sarà di 14,5 mm.

Nel sistema per il ripristino delle brocce ad anello di peluche dagli aghi degli aghi del cilindro del disco sono condotte fuori al cuneo di guida, gli anelli su di essi si trovano nel piano verticale e sono sotto la forza di trazione (Fig. 2.18,b).

L'anello di peluche deve essere dimensionato in modo da non scivolare sulla linguetta aperta dell'ago del cilindro, che viene spostato verso il basso dal cuneo di peluche. Deve essere più vicino alla barra dell'ago che alla punta della canna. Ciò è possibile con diverse lunghezze del cordoncino di peluche, a seconda della densità del terreno.

In posizione I la broccia prima del reset giace perpendicolare agli aghi del cilindro, perché l'altezza del telaio dell'anello è approssimativamente uguale al valore "b".

In caso di elevata densità del terreno a causa dell'elasticità del filo, la broccia può essere girata verso il basso e poi verrà anche premuta contro l'ago del cilindro (posizione II). Con l'aumentare della lunghezza dell'anello di terra la base della broccia viene abbassata dalla forza di trazione sotto la linea di rimbalzo del cilindro (posizione III) e la lunghezza della broccia premuta contro l'ago del cilindro può essere più lunga che in posizione I. La lunghezza minima in posizione I è determinata dalla formula derivata per il circuito 3.

Poiché per il nostro scopo è meglio avere un terreno denso, può essere accettabile anche una lunghezza maggiore del filo nella broccia (posizione II in Fig. 2.18,b). Di conseguenza, il metodo considerato è accettabile per aumentare l'altezza del palo. La lunghezza delle brocce può essere aumentata in misura maggiore accoppiandole con aghi cilindrici, ma in questo caso è necessario trovare un modo per evitare che lunghe brocce vengano messe su linguette di aghi aperte per garantire il ripristino.

Il metodo di aumentare la lunghezza dei cordini di peluche accoppiando i filetti di peluche con gli aghi dei cilindri. Questo metodo è spiegato nella Fig. 2.19.

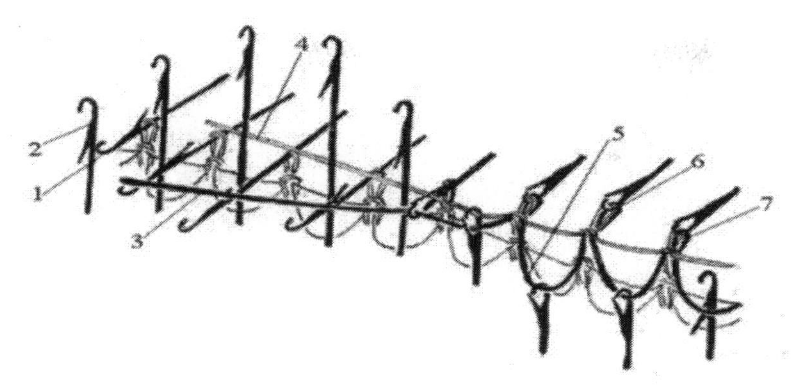

Fig. 2.19. Metodo per aumentare la lunghezza delle brocce di peluche con filati felpati ad ago-cilindro

La differenza rispetto al metodo della Fig. 2.17. è che gli aghi 1 del disco e gli aghi 2 del cilindro sono mossi da cunei di coltro.

I filetti 3 e 4 catturano gli aghi 1 e 2, mentre il filetto 4 cattura solo gli aghi 1. In questo caso, la dimensione del tirante 5 è determinata non solo dalla distanza tra gli aghi, ma anche dalla profondità dell'arricciatura dell'ago del cilindro.

Il metodo dovrebbe fornire la lunghezza più lunga delle brocce di peluche, ma c'è un certo limite, causato da un aumento del pizzicamento del filetto 3 quando si accoppiano le brocce 5 e gli anelli 6 e 7, che può causare la rottura di questo filetto. Un'altra limitazione si rivela nel sistema di azzeramento delle spille 5. L'aumento della lunghezza della broccia potrebbe non arrivare sotto le lingue quando si spostano gli aghi sul cuneo di pulitura, ma su di esse e non sarà resettato in questo caso.

La massima lunghezza possibile del peluche si ottiene ovviamente se il disco viene sollevato e il cuneo di coltro nel cilindro viene abbassato

massimo, e se, in queste condizioni, il carico sul filato durante l'accoppiamento non supera il carico di rottura del filato. Lo si può trovare utilizzando il diagramma della Fig. 2.20.

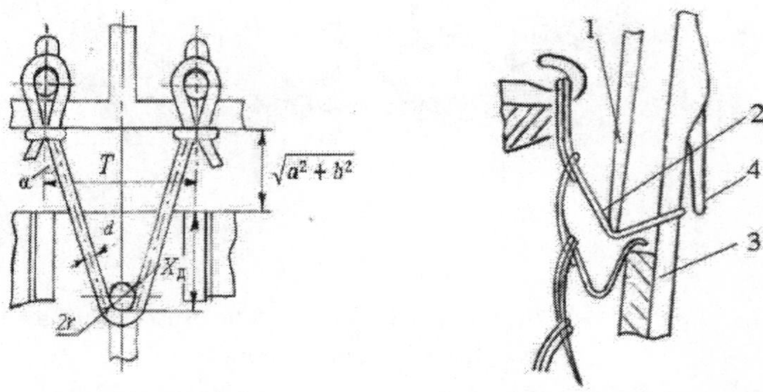

Fig. 2.20. Schema per la determinazione della lunghezza del

Fig. 2.21. Schema di retrazione della broccia nell'intercapedine di intercapedine utilizzando la verticale

Nello schema gli elementi di brocciatura in peluche, situati tra gli aghi e sugli aghi del cilindro, sono ruotati in un unico piano, $X_{ц\,max}$ - profondità massima di colatura degli aghi del cilindro (mm).

Lunghezza della broccia:

$$0{,}5\pi\,(d + 2r) + 2\sqrt{\left(\sqrt{a^2 + b^2} + X_{ц} - r\right)^2 + \left(0{,}5T - 0{,}5d\right)^2}$$

Con $Xu_{max} = 4$ mm e b = 6 mm si ottiene che la lunghezza massima della broccia di peluche è di ~ 21,8 mm. L'altezza della pila in questo caso è di circa 10 mm.

È chiaro, tuttavia, che quando gli aghi vengono sollevati dopo il processo di bobinatura, le brocce di questa lunghezza non possono essere tirate dietro gli aghi del cilindro in modo tale che il loro scarico da questi aghi sia normale. Pertanto, è necessario trovare il modo di tirare le spine nella fessura di interfacciamento con ulteriori mezzi.

A tale scopo si può utilizzare una piastra verticale 1 a forma di scarpetta, situata dietro il retro degli aghi dei cilindri, il cui bordo inferiore è abbassato nella fessura d'interposizione (fig. 2.21). La piastra 1 piega la broccia 2 in modo che il suo arco sull'asta del cilindro dell'ago 3 sia premuto contro l'ago e la linguetta quando si sposta l'ago verso il basso sarà chiusa dalla broccia 2 con il suo successivo scarico garantito dall'ago.

Al fine di garantire che le brocce cadute non interferiscano con l'uscita degli aghi del cilindro per la conclusione del set successivo, esse devono essere retratte dietro il cilindro, il che richiede anche l'installazione di un dispositivo simile davanti al sistema dove funzionano gli aghi di entrambi i porta aghi.

2.4. Tecnologia di produzione di tessuti a maglia felpati sulla base della tessitura a due strati

La maglieria in felpa può essere prodotta con una combinazione di combinazioni di armatura di base basate su armatura principale, armatura derivata, armatura a motivi e armatura combinata. Inoltre, la maglieria di orsacchiotto può essere lavorata a maglia in coulir e maglieria di base. Secondo il metodo di disposizione delle brocce di orsacchiotto sul tessuto a maglia di peluche di stoffa può essere con un solo lato (davanti o dietro) e pile su entrambi i lati, dal tipo di brocce di peluche - asola, spacco e pelliccia. Inoltre, la maglieria in tessuto felpato può essere liscia e modellata.

L'analisi delle fonti di letteratura e dei dati sui brevetti mostra che la maglieria di peluche non è stata finora prodotta sulla base del doppio intreccio, mentre la produzione di maglieria di peluche basata sul doppio intreccio amplia la gamma di tessuti a maglia e le capacità tecnologiche delle macchine per maglieria a doppio feltro.

A questo proposito, il documento propone una struttura e un metodo di produzione di maglieria felpata basata su una tessitura a due strati. In questa maglieria sulla superficie del tessuto sono formate da strisce longitudinali di spille di peluche.

È noto [8] che il modello nella produzione di maglieria in felpa placcata può essere ottenuto in vari modi:

- utilizzando fili colorati;
- cambiando il numero di spille di orsacchiotto;
- cambiando la lunghezza del filo nei cordoncini di peluche;
- una combinazione di un intreccio di peluche con altre trame a fantasia.

Le doppie armature principali (gomma, stiratura a doppia trama) possono essere utilizzate anche come armatura di base per produrre maglieria di peluche placcata. Per produrre maglieria di peluche su un lato sulla base della gomma, si possono usare la gomma 1+1 e la gomma dei rapporti allargati. La struttura e la registrazione grafica del tessuto a maglia di peluche placcato sviluppato in [70] sono mostrate nella Fig. 2.22.

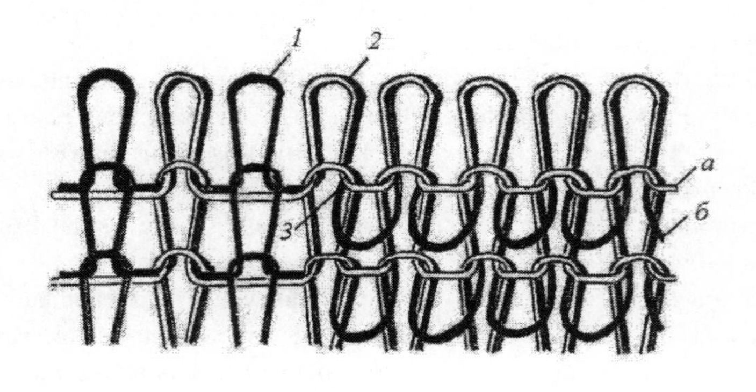

a

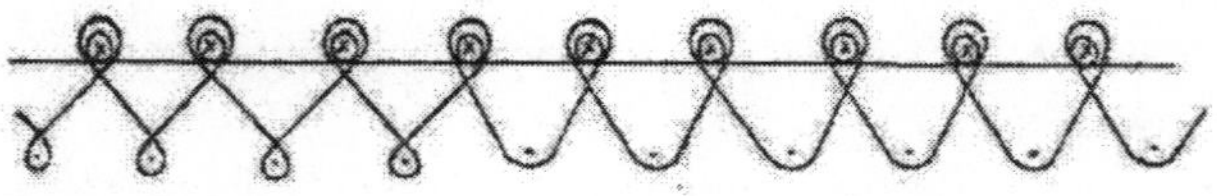

б

Figura 2.22. Struttura e rappresentazione grafica di un tessuto a maglia di peluche placcato
basato su una gomma

Essenza della produzione di maglieria felpata su tornio circolare

La macchina è la seguente. La macchina è prima impostata per lavorare a maglia una trama a gomito 1+1. Per produrre una fila di peluche vengono utilizzati due sistemi di looping. Il filo di peluche *b* e il filo di massa *a* vengono alimentati separatamente; il filo di peluche *b* viene alimentato attraverso i fori previsti nel guidafilo e il filo di massa *a viene alimentato* attraverso un foro aggiuntivo.

Per evitare che il filo smerigliato *a* finisca sotto i ganci degli aghi della barra inferiore dell'ago, questi aghi vengono abbassati in anticipo sotto l'azione di un cuneo supplementare. A questo scopo, la macchina circolare ha un sistema di chiusura modificato [71]. In questo modo, gli aghi dell'unità ago superiore lavorano a maglia gli anelli convenzionali *2* di filato felpato e smerigliato, e gli aghi dell'unità ago inferiore formano gli anelli convenzionali *1* e non chiusi *3* di filato felpato *b* secondo il rapporto. Nel secondo sistema di looping, gli aghi del ricamo superiore non sono coinvolti, e gli aghi del ricamo inferiore lavorano parzialmente, cioè secondo il rapporto *(2+2,* 3+2, 3+3). La filettatura non è filettata in questo sistema.

Di conseguenza, gli aghi che funzionavano in questo sistema, salendo e scendendo, resettano la spilla non tagliata, mentre gli aghi che non erano coinvolti rimangono in loop. I cunei a gradino possono essere utilizzati sulle serrature dell'altro ago per aumentare la lunghezza delle spille non chiuse. In una maglia di questo tipo, i punti a cappio anteriori si alternano a punti posteriori che hanno aumentato la lunghezza del cappio in felpa. Le colonne di peluche con cordoncino creano un effetto di velluto a coste sullo sfondo delle anse dritte.

Al fine di ampliare la gamma di tessuti a maglia e le capacità tecnologiche delle macchine a falde piane è stata sviluppata la struttura e il metodo di produzione della maglieria felpata basata su un tessuto a due strati. La struttura e la registrazione grafica della produzione di tessuti a maglia felpati sulla base della tessitura a due strati è mostrata nella Fig. 2.23.

La maglia (Fig.2.23,a) contiene il filato 1, di cui file ad anello di una lisciatura e il filato 2, di cui file ad anello dell'altra lisciatura. Il filato di peluche 3 è legato negli anelli di lisciatura, formato dal filato 1 e forma una spilla di peluche 4. Per unire gli strati di maglia viene utilizzato un filato di Lycra 5 ad alta resistenza.

Come si può vedere dalla struttura della maglia (Fig. 2.23,a), tutti gli aghi dell'ago posteriore formano anelli di due fili, proprio come nella produzione dell'armatura placcata, ma uno dei fili forma sul lato sbagliato lunghe brocce libere cascanti (archi placcati). Questi disegni creano una superficie peluche sul lato sbagliato della stiratura, formata dagli aghi dell'ago posteriore.

Una maglia felpata basata su una maglia a due strati su una macchina a lembi piatti viene prodotta come segue.

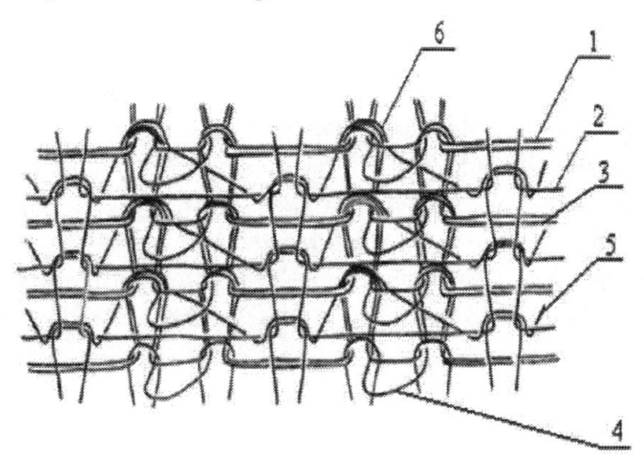

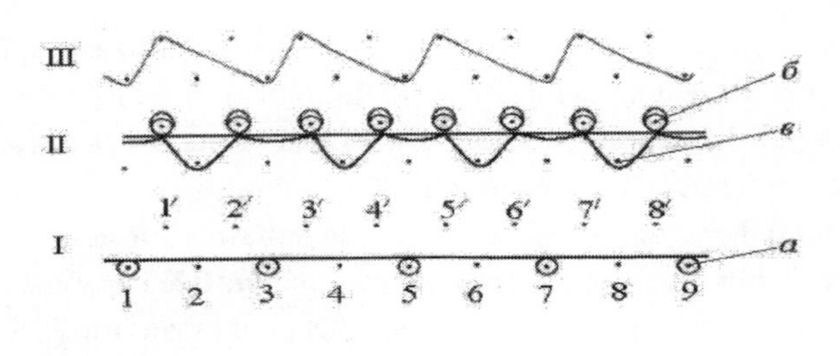

б

Fig. 2.23. Struttura e registrazione grafica della produzione di maglieria felpata basata sulla tessitura a due strati

Tutti gli aghi dell'ago posteriore e tutti gli altri aghi dell'ago anteriore devono avere un vecchio anello, quelli dell'ago anteriore che non hanno vecchi anelli vengono utilizzati per formare spille di peluche.

Nella prima fila della maglia, gli aghi *a dell'*ago anteriore, che hanno anelli chiusi, stanno lavorando a maglia un anello del filato macinato *2,* e gli aghi dell'ago posteriore non sono coinvolti. A questo scopo, il cuneo di sollevamento del sistema di looping dell'ago posteriore è spento, e il cuneo di sollevamento dell'ago anteriore è acceso per metà (Fig. 2.23,b).

Nella seconda fila di lavoro a maglia, l'infilatore principale infila il filo di peluche *3* sugli aghi *b dell'ago* posteriore, che hanno anelli chiusi e aghi senza ansa *nell'ago* anteriore, e i fili dell'infilatore supplementare infila il filo di adescamento *1* sugli aghi *b dell'ago* posteriore, che hanno anelli chiusi (Fig. 2.23, a,b). A questo scopo, i cunei di sollevamento dell'ago posteriore sono completamente innestati e i cunei di sollevamento dell'ago anteriore sono innestati a metà. Di conseguenza, gli aghi nel porta-ago posteriore con anelli chiusi formano un'ansa di peluche *6* di fili di terra *1* e di peluche *3*, e gli aghi nel porta-ago anteriore formano delle brocce di peluche *4. Le* brocce di peluche *4 vengono* scaricate dagli aghi nella forcella anteriore mediante un ulteriore movimento del sistema ad anello della macchina a lamelle piatte, gli aghi senza anello *nella* forcella anteriore salgono e scendono per scaricare le brocce di peluche *4.* A questo scopo, i cunei di sollevamento dei sistemi di avvolgimento della forcella posteriore sono spenti e i cunei di sollevamento della forcella anteriore sono accesi a metà. Come risultato, ogni secondo ago privo di asole *nell'*ago anteriore si solleva fino alla conclusione, le spille di peluche *4* passano da sotto i ganci agli steli dell'ago per le linguette, e il movimento degli aghi dell'ago anteriore *in* direzione dell'avvolgimento avviene scaricando le spille di peluche *4* dalle teste degli aghi. Prima di iniziare a lavorare a maglia la seconda fila di maglia, le linguette degli aghi che formano le brocce di peluche vengono aperte con gli apri valvole.

Nella terza fila di maglieria, gli strati di maglia sono uniti. Per fare questo, gli aghi dispari dell'ago anteriore e posteriore vengono sollevati fino ad una conclusione incompleta, su di essi viene steso un filo di collegamento ad alto restringimento, con il risultato di ottenere il vecchio asola e il contorno del filo di collegamento sotto l'uncino di questi aghi. Nella fila successiva, vengono lasciati cadere sul nuovo ciclo.

Di conseguenza, sulla superficie di una maglia di peluche vengono create delle strisce longitudinali basate su una trama a doppio strato, formata da brocce di peluche in combinazione con punti a occhiello lisci.

Il rasporto a trama è composto da tre file di asole. Quando si uniscono gli strati di tessuto a maglia, tutti gli aghi (1,3,5,7 ecc.) con anelli chiusi dell'ago anteriore e ogni altro ago (1', 3',5',7',7' ecc.) dell'ago posteriore (Fig. 2.2 3,b). In questo modo si può ottenere un tessuto a maglia con una superficie irregolare. Per eliminare questo difetto nella formazione del seguente rapporto, il collegamento degli strati di maglia viene effettuato da tutti gli aghi (1,3,5,7, ecc.), che hanno anelli chiusi dell'ago anteriore e quegli aghi (2',4',6', ecc.) dell'ago posteriore, che non hanno partecipato al collegamento degli strati di maglia nel rapporto precedente (Fig.2.24).

Ciò che è comune a tutte le strutture di maglieria a due strati è che ogni strato è un tessuto indipendente di una trama principale, una trama derivata, una trama a fantasia o una trama singola combinata. I nastri, o strati, sono collegati dai lati posteriori del processo di lavorazione a maglia attraverso qualsiasi elemento della struttura dell'asola, in modo che sciogliendo una trama, l'altra possa essere mantenuta senza rompere le connessioni dell'asola.

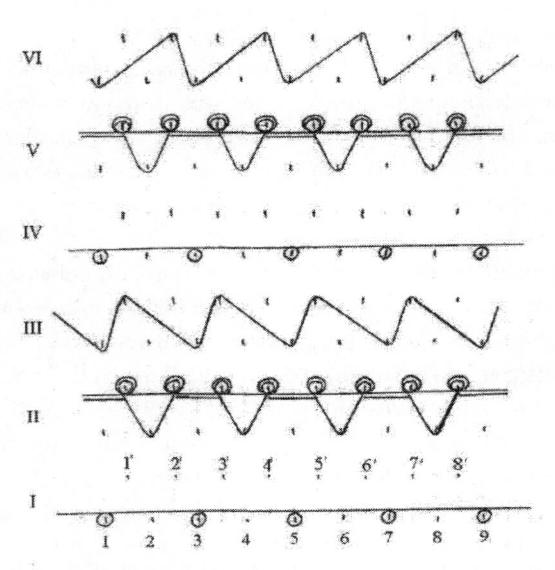

Figura 2.24. Rappresentazione grafica di un tessuto a maglia felpato basato su un tessuto a due strati

L'uso di diverse trame singole nello stesso tessuto può eliminare il negativo e mantenere le proprietà positive della maglieria di queste trame. In questo modo è possibile, ad esempio, ridurre significativamente la deformazione in entrambe le direzioni, aumentare la stabilità della forma del tessuto a maglia, la resistenza, migliorare le proprietà di protezione termica, l'aspetto, modificare la densità della superficie da un lato o dall'altro.

Se il riempimento superficiale è sufficientemente alto, il lato inferiore può essere prodotto con filati di qualità inferiore per ridurre il consumo di materie prime costose. Nella maglieria a due strati per l'abbigliamento esterno, nella calzetteria, nell'abbigliamento sportivo e in altri articoli realizzati con filati sintetici, si possono utilizzare per il lato sbagliato filati realizzati con fibre naturali come il cotone per migliorare l'igiene. La maglieria con filati ad alto restringimento può avere una bassa elasticità e stabilità dimensionale, ed è particolarmente adatta per tute e cappotti. Si possono trovare altre interessanti combinazioni di filati per maglieria a doppio strato, che sono di interesse per i tessuti tecnici per varie applicazioni. La maglieria a due strati con lati di colore diverso può essere utilizzata per prodotti come coperte, sciarpe, abbigliamento esterno, ad esempio.

Per un tessuto a maglia felpato prodotto sulla base di un tessuto a due strati, un lato viene prodotto da un tipo di materia prima e l'altro da un altro tipo di materia prima, è necessario che il filato smerigliato 1 formi un anello anteriore, e il peluche 3 - un anello posteriore (Fig.2.23). Con questa disposizione dei passanti nella maglia, un lato della maglia a due strati è formato da passanti formati dal filato smerigliato 1, l'altro lato dal peluche 3 e dai filati smerigliati 2. In questo caso, il filato di seta può essere utilizzato come filato smerigliato 1, e il filato di cotone può essere utilizzato come filato peluche 3 e filato smerigliato 2. Di conseguenza, il costo del tessuto a maglia è ridotto e le sue proprietà igieniche sono migliorate.

Questa disposizione degli anelli di peluche e di terra nel tessuto a maglia permette l'uso completo del filo di peluche per formare una superficie felpata, poiché gli anelli di peluche sono delimitati dal filo di terra su un lato, permettendo di tirare il peluche di massima lunghezza sul lato sbagliato del tessuto a maglia. Inoltre, il lato anteriore del tessuto è liscio e stretto, e gli anelli di peluche saranno tirati da esso. La forza di fissaggio del filo di felpa nella maglia smerigliata è molto maggiore rispetto a quando il filo di felpa forma gli anelli anteriori e gli anelli di terra sono dalla parte sbagliata. In questo caso, la broccia di orsacchiotto 1 si trova tra l'arco di platino *2* dell'anello di massa e gli archi ad ago degli anelli di peluche 3 e di massa 4 (Fig.2.25,a).

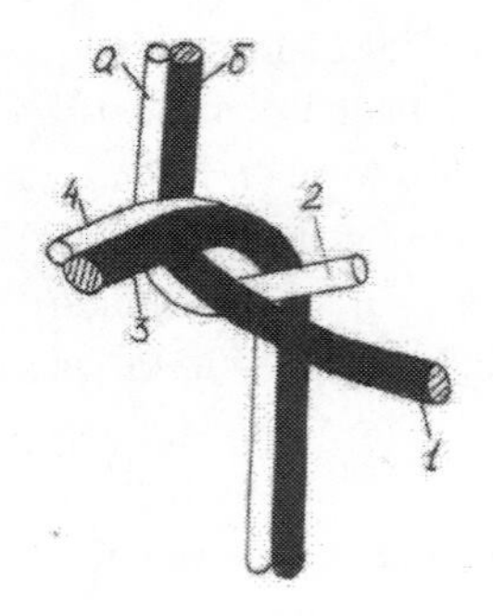

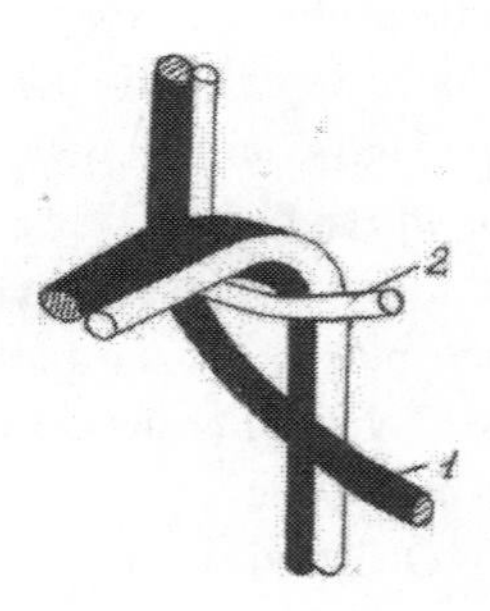

ab

Fig. 2.25. Disposizione reciproca dei filati in peluche e dei filati rettificati in un anello in peluche

Di conseguenza, l'arco di platino *2* dell'anello di terra, premendo la broccia di peluche *1* sugli archi dell'ago, aumenta la resistenza del fissaggio del filo di peluche b nella struttura della maglia. Inoltre, l'arco di platino *2* dell'anello di terra, situato sotto le brocce di peluche *1*, le solleva, aumentando così l'angolo di inclinazione delle brocce di peluche rispetto al piano del tessuto, e questo porta ad un aumento dello spessore della maglieria di peluche placcata.

Quando l'anima delle spire di peluche si trova sul lato anteriore del tessuto a maglia, la broccia di peluche *1* si trova sotto l'anello di massa dell'arco di platino *2* e l'angolo formato dalla broccia di peluche rispetto al piano del tessuto, pari all'angolo di inclinazione delle file di spire (Fig.2.25,b).

La maglia felpata con questa disposizione del filato può essere utilizzata per prodotti che richiedono igroscopicità, per l'abbigliamento per bambini e sportivo.

Per garantire che i filati felpati e i filati smerigliati siano disposti nell'anima dell'asola in modo che l'anima dell'asola felpata sia rivolta verso il lato sbagliato e il filato smerigliato verso il lato destro del tessuto a maglia, la maglieria placcata deve essere prodotta in modo tale che l'anima del filato felpato sia rivolta verso il lato sbagliato. A differenza della maglieria placcata, nella maglieria felpata realizzata con un tessuto a doppio strato, il filato smerigliato deve uscire sul lato anteriore e il filato felpato sul lato sbagliato.

Ciò dipende a sua volta dalla corretta selezione degli angoli dell'asola e dell'ago del filo smerigliato e del filo di peluche, cioè dai parametri dell'avanzamento del filo.

Considerare le caratteristiche delle singole operazioni di formazione dell'asola nella produzione di maglieria felpata sulla base della doppia trama, dove la posizione dei filati smerigliati e orsacchiotti sugli aghi della lingua fornisce l'uscita dei loop smerigliati sul lato anteriore e l'uscita dei loop orsacchiotti sul lato sbagliato della maglieria (Fig.2.26).

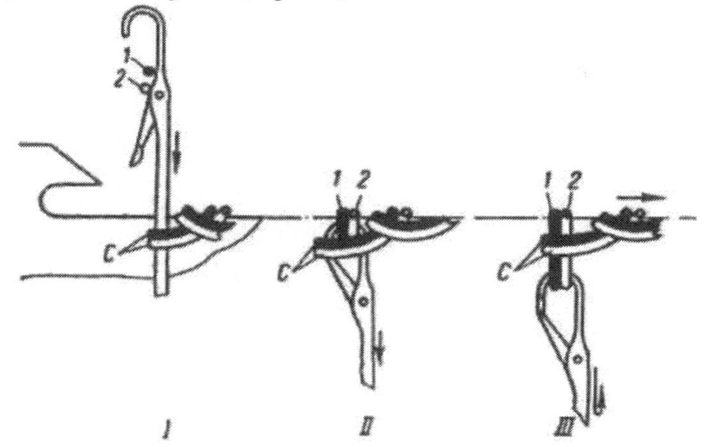

Fig. 2.26. Schema delle singole operazioni di looping nella produzione di maglieria felpata basata su un tessuto a due strati.

Posizione I - filettatura. I fili sono infilati a diversi livelli: il filo di peluche 1 è più vicino al gancio dell'ago, il filo smerigliato 2 è più lontano dal gancio. I fili si seguiranno l'un l'altro e passeranno sotto il gancio dell'ago mantenendo la loro posizione predeterminata. È molto importante che questo non venga cambiato prima dell'operazione di giunzione.

Posizione II - collegamento. L'essenza di questa operazione è che il vecchio anello, collegandosi con gli archi ad ago dei nuovi anelli, pizzica questi ultimi e fissa così la posizione dei fili di peluche e di massa nel nuovo anello, che è determinata dalle condizioni di infilatura e portandoli sotto il gancio.

Posizione III - formazione, inizio della formazione del loop tirando indietro. Durante l'operazione di sagomatura, il nuovo anello viene tirato attraverso il vecchio anello c senza modificare le posizioni dei filetti di peluche 1 e di massa 2. Osservando la struttura del nuovo occhiello, vediamo che il filo di peluche 1 è sul lato sbagliato e il filo smerigliato 2 è sul lato destro della maglia, cioè il filo più vicino all'uncino dell'ago forma il lato sbagliato della maglia, mentre il filo più lontano dall'uncino dell'ago forma il lato destro della maglia.

Tale disposizione dei fili nel tessuto a maglia permette di ottenere un tessuto a maglia a due strati, dove uno strato di tessuto a maglia è fatto da un tipo di materia prima, un altro strato di tessuto a maglia è fatto da un altro tipo di materia prima.

Il tessuto a maglia che ne risulta ha un bell'aspetto, un'elevata protezione termica e proprietà igieniche.

La maglieria può essere utilizzata con successo per la produzione di abbigliamento esterno e per bambini.

Capitolo III. MODALITÀ DI UTILIZZO EFFICACE DELLE MATERIE PRIME LOCALI NELLA PRODUZIONE DI MAGLIERIA DI PELUCHE

3.1. Caratteristiche e proprietà dei filati utilizzati nella produzione di maglieria a due strati

Il filato è di particolare importanza nel determinare la qualità della maglieria. La qualità dell'intero prodotto dipende dalla qualità del filato di cui è composto per il 70%. La composizione del filato è naturale, sintetica e artificiale [72; p.18-19, 73; p.80-83].

Il filato naturale è molto ecologico in quanto contiene solo fibre naturali di origine vegetale e animale. Il filato naturale è di alta qualità, alta igiene e prezzo elevato.

La maglieria in filato di cotone ha una buona igiene, igroscopicità e un buon rapporto qualità-prezzo per una vasta gamma di consumatori.

Il filato di cotone è un filato estivo per il suo basso effetto riscaldante. Le maglie di cotone sono altamente resistenti all'usura, assorbono l'umidità e non formano pelucchi. I tessuti di cotone sono igienici, igroscopici e non bruciano. Il filato è tinto molto bene, in modo da poter ottenere colori brillanti. Il filato di cotone ha una certa lucentezza grazie allo speciale trattamento alcalino. I prodotti in cotone sono molto confortevoli, morbidi e pratici. Il cotone è spesso utilizzato nei filati misti. Gli indumenti di cotone sono soggetti a restringimenti, che devono essere presi in considerazione nella progettazione e nella produzione dei filati di cotone.

La fibra di seta è ottenuta con metodo antico, svolgendo bozzoli di bruco del baco da seta del gelso. La materia prima della seta è la più costosa, utilizzata nella produzione di filati e fili per il ricamo. Il processo di produzione di filato da cascami di seta è più complesso rispetto alla produzione di filato da qualsiasi altro tipo di fibra. Ad esempio, se sono necessarie 6-8 passate per produrre filato di cotone con il sistema di filatura cardato, allora sono necessarie circa 30-40 passate per produrre filato di seta.

La complessità della filatura della seta si spiega con le particolari proprietà delle materie prime utilizzate e gli elevati requisiti di qualità del filato di seta [72].

Nonostante la complessità del processo tecnologico di produzione del filato di seta, la dinamica della sua produzione aumenta di anno in anno. La produzione di filati di seta è aumentata di quasi 10 volte dal 1998. Allo stesso tempo cresce anche la domanda della popolazione di prodotti realizzati con materie prime naturali.

Le particolari esigenze dei materiali tessili dovute alle specifiche condizioni climatiche rendono indispensabili elevate proprietà igieniche della seta naturale e la leggerezza e la bellezza contribuiscono ad una costante richiesta di prodotti realizzati con essa. I principali requisiti imposti dagli scienziati medici ai prodotti igienici razionali sono: morbidezza, flessibilità, igroscopicità, idrofilia, protezione della pelle dagli influssi meccanici - attrito e irritazione. I prodotti devono essere ben assorbenti di vapore acqueo, fornire un'elevata permeabilità all'aria [73]. Queste proprietà sono caratteristiche dei filati di seta naturale.

Il filato sintetico in forma pura non è consigliato per gli indumenti a maglia, in quanto ha scarse qualità igieniche, ma piccole aggiunte di fibra sintetica alla composizione del filato naturale rendono le cose fatte di esso più durevoli, resistenti agli influssi esterni, pratiche per l'uso quotidiano.

Poliestere, secondo nome Poliestere, è una fibra stampata da polietilene tereftalato fuso. Le fibre di poliestere sono resistenti ai solventi, ai microrganismi, alle tarme, alle muffe e alle cimici dei tappeti. Proprietà del poliestere: è stabile durante l'uso, non si stropiccia, si lava e si stira facilmente, si asciuga rapidamente, il che è dovuto alle sue proprietà igroscopiche molto basse. Le fibre di poliestere sono resistenti all'azione della luce. Supera la maggior parte delle fibre naturali e chimiche nella resistenza al calore. Il poliestere è ampiamente utilizzato in combinazione con altre fibre ed è utilizzato nella produzione di molti tipi di abbigliamento, compresa l'industria chimica. Spesso la fibra di poliestere viene usata mescolata con lana, cotone o lino. In forma pura o mista le fibre di poliestere sono utilizzate nella produzione di pellicce artificiali, tappeti. Gli svantaggi delle fibre di poliestere sono la difficoltà di tintura con metodi convenzionali, la forte elettrificazione, la tendenza al pilling, la rigidità dei prodotti.

LYCRA® (Lycra) è il nome della fibra di elastan brevettata nel 1959 dall'azienda chimica americana Du Pont. Elastam (spandex negli USA), una fibra sintetica di poliuretano con proprietà simili alla gomma gomma. La fibra di Lycra® è ultrasottile, incredibilmente resistente ed elastica e ha una maggiore elasticità. La lycra® viene prodotta in diversi spessori. Viene utilizzato in tutti i tipi di indumenti, dai tessuti sottili quasi trasparenti a quelli pesanti. Il LYCRA® può essere allungato fino a sette volte la sua lunghezza originale e quando la forza di allungamento scompare, ritorna allo stato originale come una molla.

I materiali contenenti filati di elastan di Lycra hanno proprietà interessanti per i produttori di abbigliamento. I vantaggi in termini di proprietà elastiche e restaurative rispetto ai materiali in fibre non elastiche e ai severi requisiti dei consumatori sono i seguenti:

- Migliore vestibilità e mantenimento della forma.
- Meno rughe delle cuciture.
- Maggiore flessibilità di progettazione (minore adattamento alla forma).
- Meno gruppi di dimensioni e pienezza (riducendo così i livelli di scorte).

I principali vantaggi dei materiali contenenti lycra nella produzione di capi di abbigliamento sono la notevole estensibilità e il pieno recupero dei capi dopo la rimozione del carico. L'elasticità dei materiali contenenti lycra permette agli stilisti di creare nuove tendenze della moda, dando ai capi una migliore vestibilità e un maggiore comfort rispetto ai materiali convenzionali: ad esempio scollature più piccole, giromanica più alta, vestibilità più aderente.

Ci sono anche altri motivi tecnici per avvolgere la LYCRA® con altre fibre o filati, ad es. in alcuni tessuti o processi di lavorazione a maglia non è assolutamente possibile utilizzare filati altamente elastici. In questi casi, la LYCRA® , ricoperta da una guaina di altre fibre (avvolta con altri filati), si stabilizza temporaneamente, avvicinandosi nelle sue proprietà fisiche e meccaniche ad un filato convenzionale, non flessibile. In questo modo le caratteristiche di elasticità del filato LYCRA® possono essere completamente mantenute durante i processi di finissaggio e tintura.

Il rapporto più comune di filati naturali, sintetici e artificiali nella produzione di capi di abbigliamento è - 50-80% di fibre naturali o artificiali e 50-20% di fibre sintetiche. In questo caso il tessuto a maglia è meno deformato durante lo sfruttamento; mantiene la sua forma dopo il lavaggio e non viene arrotolato. La maglieria realizzata con questo filato è piacevole per il corpo, conserva tutte le qualità igieniche delle fibre naturali, e le fibre sintetiche prolungano la vita dei vestiti.

3.2. Ricerca dell'influenza della struttura di base della trama sui parametri e sulle proprietà fisico-meccaniche della maglieria felpata

In un ambiente competitivo, quando il consumatore diventa il principale punto di riferimento per la produzione, l'indicatore più importante dei prodotti fabbricati è la loro qualità. La qualità dei prodotti è un insieme di proprietà caratteristiche, forma, aspetto e condizioni d'uso, di cui i beni devono essere dotati per soddisfare il loro vero scopo.

La qualità dei tessuti a maglia, dai quali vengono prodotti i prodotti a maglia, è determinata da indicatori dei loro parametri tecnologici, delle loro proprietà fisiche e meccaniche e del loro aspetto.

Come parametri tecnologici sono considerati il passo dell'ansa e l'altezza della fila di anse, la densità (numero di anse per unità di lunghezza) in direzione longitudinale e trasversale, la densità della superficie, lo spessore, la densità del volume del tessuto a maglia.

Gli indici che caratterizzano le proprietà fisiche e meccaniche dei tessuti a maglia includono: permeabilità all'aria, resistenza e allungamento alla rottura, allungamento a carichi inferiori alla rottura, resistenza all'allungamento una tantum e ripetuto, resistenza alla piega e all'abrasione, restringimento al trattamento con calore umido, proprietà di protezione termica dei tessuti, ecc.

Gli indicatori che caratterizzano l'aspetto del tessuto sono la presenza di disegno o disegno sulla superficie del tessuto, il numero e l'elenco dei difetti per unità di lunghezza o area.

Gli indicatori specificati sono condizionati dalle proprietà delle materie prime utilizzate e dal metodo di produzione dei tessuti a maglia, caratteristiche caratteristiche degli elementi di tessitura combinata. Non tutti gli indicatori dovrebbero essere presi in considerazione per caratterizzare la qualità di tutti i tipi di tessuti.

I parametri qualitativi indispensabili dei tessuti a maglia per l'abbigliamento esterno sono la densità superficiale, il carico di trazione, la resistenza all'abrasione, la stabilità dimensionale: il restringimento, la proporzione di deformazione irreversibile, l'elasticità e l'aspetto.

La maglieria di peluche placcata da una combinazione di elementi di tessitura di base può essere ottenuta sulla base di armature principali, derivate, modellate e combinate [74-76].

La produzione di maglieria felpata basata su tessiture a fantasia come jacquard, pressate, a due strati e incomplete si ottiene riducendo il consumo di materie prime, aumentando la stabilità della forma e migliorando le proprietà fisiche e meccaniche della maglieria [77-80].

Sulla base dell'analisi dei parametri dei tessuti elaborati di tessuti a maglia felpata è stato rilevato che la riduzione della densità superficiale dei tessuti a maglia felpata può essere ottenuta con vari metodi. I metodi più efficaci sono quelli che permettono di ridurre la densità superficiale della maglieria felpata cambiando la struttura della trama di base e la combinazione di intrecci. L'uso di questi metodi permette di diminuire il consumo di materiale dei tessuti a maglia felpati, di diminuire la densità superficiale dei tessuti a maglia di 1,5-2 volte e la densità del volume del 15-20% rispetto ai tessuti felpati pieni. In questo caso, la maglieria mantiene un aspetto commerciabile e indicatori di alta qualità [81,82].

La maglieria in felpa prodotta sulla base della stiratura è molto diffusa nel settore. In questa maglieria, i fili di peluche possono essere creati sia sul lato sbagliato che sul lato anteriore, ma più spesso viene prodotta la maglieria con i fili di peluche sul lato sbagliato.

Fig. 3.1 mostra la struttura e la registrazione grafica della maglia felpata liscia placcata coulir prodotta sulla base della stiratura, con il posizionamento del peluche tira dal lato sbagliato.

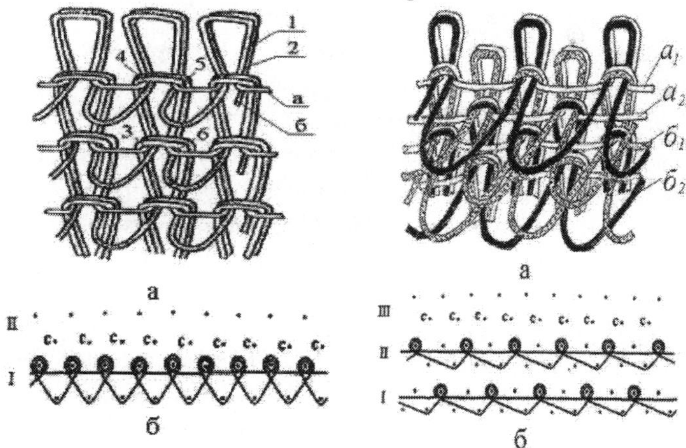

Figura 3.1. Struttura e notazione grafica di un tessuto a maglia felpato sulla base della stiratura

Figura 3.2. Struttura e notazione grafica della maglieria di peluche basata sulla stiratura derivata

Ogni fila di maglia è composta da spire smerigliate 1, formate dal filato smerigliato *a,* e spire di peluche 2, formate dal filato di peluche b. Gli anelli di peluche possono essere sul lato sbagliato o sul lato destro del tessuto, a seconda del tipo di macchina utilizzata per produrre la maglia (Fig. 3.1,a).

Nel campione presentato, gli anelli di terra si trovano sul retro e hanno archi di platino di lunghezza normale, mentre gli anelli di peluche si trovano sul lato anteriore e hanno archi di platino allungati che formano una pila sul retro.

Nel primo sistema della macchina per maglieria circolare, gli aghi del disco lavorano a maglia la fila di peluche. In questo sistema, gli aghi del cilindro vengono utilizzati per creare i disegni del peluche, ed il secondo sistema è progettato per ripristinare i disegni del peluche (Fig. 3.1,b).

Il filato felpato viene tessuto insieme al filato smerigliato nel telaio ad anello e quando il filato felpato viene tirato fuori dalla struttura a maglia, in caso di rottura, si verifica un attrito contro l'anello del filato smerigliato nel telaio lungo tutta la linea di contatto. Inoltre, l'anello di peluche sarà in contatto ai punti 3 e 6 con gli anelli che formano la fila precedente, e ai punti *4* e *5 con gli anelli che* formano la fila successiva di maglia. La maglia felpata senza effetti fantasia ha un lato anteriore e posteriore liscio, in quanto i telai di tutti i loop sono formati da due fili, ***a e b***. Tale maglieria ha elevate proprietà termiche ed è ampiamente utilizzata per la biancheria intima, l'abbigliamento esterno e la calzetteria.

Per ridurre il pizzicamento dei filati felpati durante la muta, è stato proposto di produrre maglieria felpata a base di derivati da stiro [83,84].

Infatti, secondo la modalità di funzionamento dell'ago, il numero di aghi coinvolti nei filati sia macinati che felpati viene dimezzato nella produzione di maglieria felpata derivata. Questo perché anche gli aghi formano loop in un sistema di looping e gli aghi dispari formano loop in un altro.

In questo modo, la lavorazione a maglia in ogni sistema di asole viene effettivamente eseguita con il doppio del passo dell'ago, il che evita che il filo venga pizzicato durante il riattacco. Una maglia di questo tipo è mostrata in Fig. 3.2.

Ogni fila di maglia è composta da anelli di terra, lavorati a maglia da fili di terra *a* e *a2.* I loop di terra si formano sul lato sbagliato attraverso un ago con un offset verticale rispetto alle colonne di loop adiacenti formate da un altro filato. Gli anelli in peluche, situati sul lato anteriore e formati da filati felpati *b / a e b2,* rispetto agli anelli rettificati, hanno archi di platino allungati, formando una pila sul lato sbagliato (Fig. 3.2,a). Le spille di peluche di questa maglia di peluche collegano i passanti attraverso uno di essi. Gli anelli di peluche sono ancorati in una struttura a terra simile ad un peluche lavorato a base di ferro da stiro.

Per ottenere questa struttura, i filati *a1* e *61 sono* lavorati a maglia con aghi dispari nel sistema I, e i filati *a2* e *62* con aghi pari nel sistema II. Sistema III serve per l'azzeramento delle brocce di peluche (Fig. 3.2,b).

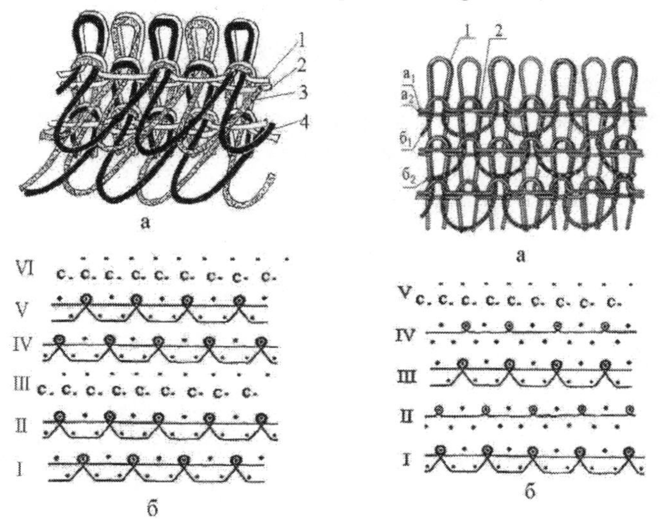

Fig. 3.3. Struttura e notazione grafica del tessuto a maglia felpata basata sulla stiratura derivata senza spostamento verticale

Fig. 3.4. Struttura e registrazione grafica della maglieria di peluche con un numero ridotto di brocce di peluche sulla superficie del tessuto

Per ridurre il consumo di materie prime e per aumentare la stabilità di forma della struttura, si consiglia di produrre maglieria di felpa a base di ricamo derivato senza spostamento verticale dell'asola. La struttura e la registrazione grafica della maglieria di felpa prodotta sulla base di un ricamo derivato senza spostamento verticale delle anse, è mostrata in Fig. 3.3. Per lavorare a maglia questa maglia sulla macchina, in ogni primo e quinto sistema di asole i filati sono legati con aghi di una posizione, e in ogni secondo e quarto sistema di asole con aghi di un'altra posizione.

I sistemi III e VI sono progettati per lo scarico di brocce di peluche (Fig. 3.3,b).

Per migliorare le proprietà termiche della maglieria in felpa, prodotta sulla base di una stiratura derivata senza spostamento verticale dei passanti, si raccomanda di rendere il numero di spille in felpa uguale al numero di passanti rettificati (Fig. 3.3,a). Ogni fila di tale maglia di peluche sarà formata da due fili di peluche *a1* e *a2* e da due fili di peluche *61* e *b2.* I tratti di peluche di questa maglia di peluche collegano le anse attraverso uno di essi.

Il tessuto a maglia avrà buone proprietà fisiche e meccaniche e stabilità di forma. La sua superficie peluche si rivelerà lucida e uniforme, con elevate proprietà di protezione termica.

Per ridurre il consumo di materie prime si consiglia di formare anelli di peluche la metà degli anelli di terra (Fig. 3.4).

Come si può vedere dalla struttura del tessuto a maglia, il filato felpato *61* viene lavorato a maglia nei passanti *1* con filato smerigliato *a1,* e il filato felpato *b2* viene lavorato a maglia nei passanti *2* con filato smerigliato *a1*. Poiché le anse della stiratura derivata senza sfalsamento verticale sono disposte in una fila di punti, la maglia ha una larghezza maggiore rispetto alla stiratura convenzionale (Fig. 3.4, a).

Grazie alla disposizione sfalsata dei fili di peluche, la superficie del tessuto a maglia è abbastanza drappeggiata e uniforme. Il tessuto a maglia ha un bell'aspetto. Grazie all'allineamento delle anse, l'allungamento è ridotto e la stabilità di forma della maglieria è aumentata. Si sovrapporranno le maglie di anelli rettificati formati da filati diversi, che aumenteranno significativamente l'area di contatto, e questo porterà ad una diminuzione dell'estensibilità del tessuto a maglia.

Quando si lavora a maglia su una macchina per maglieria circolare, il primo e il terzo sistema lavorano a maglia una fila di peluche, mentre il secondo e il quarto sistema lavorano a maglia una fila liscia. I sistemi III e VI sono progettati per far cadere i cordini di peluche (Fig. 3.4,b).

Per la ricerca dell'influenza della struttura di base della tessitura e della quantità di brocce felpate sulla superficie del tessuto sui parametri tecnologici e sulle proprietà fisico-meccaniche del tessuto a maglia felpata su macchine circolari per maglieria di tipo КЛК sono state elaborate quattro varianti di tessuto a maglia felpata.

Il filato di poliestere con una densità lineare di 16 tex è stato utilizzato come filato smerigliato e il filato di poliacrilonitrile con una densità lineare di 31 tex x 2 è stato utilizzato come filato peluche.

I parametri tecnologici e le proprietà fisico-meccaniche del tessuto a maglia felpato sono riportati nella tabella 3.1. Come tessitura di base viene sviluppato un tessuto a maglia felpato sulla base della stiratura.

Tabella 3.1.

Indicatori dei parametri tecnologici e delle proprietà fisiche e meccaniche della maglieria felpata

--- ^Varianti Indicatori----		I	II	III	IV
Densità apparente 6, mg/cm3		234	217	205	196
Rilievo volumetrico assoluto D6, mg/cm3		-	17	29	38
Rilievo relativo 9, %		-	8	13	16
Permeabilità all'aria B,dm3/cm2sec		78,5	66,5	76,4	98,4
Carico di rottura P, N	longitudinalm	240	310	302	286
	in tutto	146	245	258	252
Allungamento a rottura L, %.	longitudinalm	115	132	112	114
	in tutto	192	159	140	142
Deformazione irreversibile in n, %.	longitudinalm	7,9	6,5	7,2	6,4
	in tutto	11,5	10,6	11,7	10,8
Deformazione reversibile Wo, %.	longitudinalm	92,1	93,5	92,8	93,6
	in tutto	88,5	89,4	88,3	89,2
Restringimento Y, %.	longitudinalm	1	-2	-1	1
	in tutto	0	3	1	2

Confrontando la densità volumetrica del tessuto a maglia felpata sulla base dell'armatura a maglia derivata (variante II) con l'armatura di base (variante I) si ottiene che l'alleggerimento volumetrico assoluto è di 17 mg/cm3, e l'alleggerimento relativo è dell'8% (vedi tabella 3.1). Gli indicatori della densità volumetrica, dell'alleggerimento volumetrico assoluto e dell'alleggerimento relativo di altre varianti di maglieria di peluche sono indicati nella tabella 3.1.

Secondo i risultati della ricerca dei parametri tecnologici presentati nella tabella si può notare: dal confronto di campioni di tessuti a maglia felpata per densità volumetrica è emerso che la densità volumetrica minima ha un tessuto a maglia felpata di intreccio, elaborato sulla base del derivato glad senza spostamento verticale dei loop (variante IV), dove la quantità di loop felpato è due volte inferiore alla quantità di loop ad innesco (Fig. 3.5).

Fig. 3.5. Densità volumetrica della maglieria di peluche con diverse armature di

base

I nuovi tipi di maglieria di peluche ottenuti sono raccomandati per la produzione di abbigliamento leggero e di articoli per bambini. I requisiti generali della maglieria per l'abbigliamento esterno sono proprietà quali la stabilità della forma, la resistenza all'usura, una sufficiente resistenza alla trazione, una buona protezione termica, la non stropicciatura, la facile manutenzione del prodotto. Inoltre, tale maglieria dovrebbe avere un aspetto piacevole, caratterizzato da varietà e novità.

La stabilità della forma è una proprietà del tessuto a maglia, che caratterizza la capacità del prodotto che ne è fatto di conservare e ripristinare le sue dimensioni e la sua forma in condizioni di servizio.

Z. A. Torkunova [85] ritiene inoltre che la proporzione di deformazioni reversibili nella deformazione totale da sola non sia sufficiente a caratterizzare la stabilità della forma delle ragnatele.

Un indicatore complementare necessario in questo caso è il valore della deformazione irreversibile, che mostra il grado di deviazione della dimensione del prodotto dall'originale, e questo indicatore nella valutazione dei tessuti e dei prodotti a maglia ha un'importanza predominante.

Quindi, la stabilità dimensionale è la capacità della maglieria dopo il carico di ripristinare le dimensioni originali, e le caratteristiche della stabilità dimensionale sono proprietà di trazione e componenti di deformazione.

L'analisi dei risultati ottenuti delle proprietà fisiche e meccaniche dei tessuti sviluppati mostra che i nuovi tipi di maglieria felpata sono più resistenti rispetto alle trame di base (variante - I), l'allungamento a trazione lungo la lunghezza e la larghezza e la deformazione irreversibile di queste varianti è minore (vedi tabella 3.1).

Pertanto, i tessuti sviluppati di maglieria di peluche possono essere utilizzati con successo nella produzione di maglieria per adulti e bambini.

3.3. Ricerca dell'influenza della densità lineare dei fili smerigliati e felpati sui parametri tecnologici e sulle proprietà fisico-meccaniche dei tessuti a maglia felpati

L'Uzbekistan è il primo produttore mondiale di bozzolo pro capite e il terzo produttore di bozzolo al mondo. La quota dell'Uzbekistan nella produzione totale di bozzoli nella CSI supera l'80%.

La seta naturale può essere combinata con altre fibre nella produzione di molti prodotti di maglieria. In particolare, le aziende britanniche sono note per l'utilizzo di fibre modificate miscelate con cotone, seta e filati sintetici nella produzione di vari prodotti di maglieria. I prodotti che possono resistere a un lungo periodo di usura e che possono essere utilizzati per il lounging sono i più richiesti.

Una delle proprietà e degli indicatori di qualità più importanti del filato lavorato è il carico di rottura.

Il carico di rottura dipende dalla qualità della composizione delle fibre del filato, dalla densità lineare, dalla torsione, dall'uniformità ed è l'indicatore con cui il filato viene selezionato per una particolare applicazione.

Durante la lavorazione su macchine per maglieria e durante il funzionamento dei prodotti, il filato è sottoposto a tutti i tipi di forze che possono portare alla sua rottura. Pertanto, vengono introdotti indicatori del carico di rottura e dell'allungamento per caratterizzare la capacità dei filati tessili di assorbire i carichi di trazione senza rompersi.

Il carico di rottura è la forza maggiore che un filo o un filato può sopportare prima della rottura, espressa in newton (86). L'allungamento a rottura è la lunghezza incrementale della lunghezza allungata del filato al momento della rottura.

Con questo in mente, le proprietà di base di rottura dei filati di cotone e seta sono state determinate nel laboratorio di certificazione CENTEXUZ presso il TITLP utilizzando una macchina per prove di trazione STATIMAT-C. Nelle prove sono stati determinati anche l'allungamento a rottura, il carico massimo di rottura, il lavoro di rottura e il relativo carico di rottura di entrambi i filati [87]. I risultati ottenuti dalle proprietà di rottura di ogni singolo filato sono mostrati nella tabella 3.2.

In termini di resistenza assoluta, si può concludere che il filato di seta è quasi il doppio di quello di cotone.

Tabella 3.2.

Proprietà di rottura dei filati di cotone e seta

Nome degli indicatori	Filato di cotone			Filato di seta		
	-X-	-S-	-CV-	-X-	-S-	-CV-
1. Allungamento, %.	6,11	0,41	6,68	8,23	0,49	5,92
2. Carico massimo di rottura, cN	228,4	21,38	9,36	416,16	22,55	5,42
3. Lavoro di scoppio, cN-cm	181,79	26,31	14,47	530,43	55,75	10,51
4. carico di rottura relativo, cN/tex	15,16	1,42	9,36	23,92	1,30	5,42
5. Densità lineare, tex	15,4			16,7		

X è la media delle 30 prove;

S - deviazione standard relativa - dispersione;

CV- coefficiente di variazione

I risultati mostrano che il filato di seta è molto più resistente del filato di cotone. Il carico di rottura è spesso definito come la resistenza assoluta perché è espresso come la forza massima che il campione può sopportare sotto il carico crescente costante della macchina di trazione fino alla rottura.

Al fine di studiare l'influenza della densità lineare del filo smerigliato e del filo felpato sui parametri tecnologici e sulle proprietà fisiche e meccaniche del tessuto a maglia felpato, sono state prodotte 4 varianti di tessuto a maglia felpata su macchine per maglieria rotonde di tipo MONARCH (USA), che si differenziavano tra loro per la densità lineare del filo smerigliato e del filo felpato [88-90].

Nella produzione della versione I di un tessuto a maglia felpata come filato smerigliato e come filato felpato è stato utilizzato un filato di cotone con densità lineare 20 tex x 1, e nella produzione della versione II di un tessuto a maglia felpata come filato smerigliato è stato utilizzato un filato di cotone con densità lineare 20 tex x 1, e come filato felpato - filato di cotone con densità lineare 20 tex x 3. Le densità lineari dei filati macinati e orsacchiotti nella produzione delle varianti III e IV di un tessuto a maglia felpata sono riportate nella tabella 3.3.

Tabella 3.3

Indici dei parametri tecnologici e delle proprietà fisico-meccaniche tessuti a maglia felpati

"----- ^________ Opzioni Indicatori- ----		I	II	III	IV
Densità del filato lineare, tex	Terra	cotone 20x1	cotone 20x1	cotone	cotone
	Peluche	cotone 20x1	cotone 20x3	cotone 20x2	cotone 20x1
Contenuto di fili nel tessuto, %.	Terra	29,6	11,9	29,2	54,3
	Peluche	70,4	88,1	70,8	45,7
Densità della superficie Ms, g/m2		381	455,3	449,6	425
Spessore della lama T, mm		1,2	1,35	1,3	1,25
Densità apparente 6,mg/cm3		317,5	337,2	345,8	340
Permeabilità all'aria B, cm3/cm2sec		58,3	85,9	73,4	65,5
Resistenza all'abrasione E, migliaia di cicli		27,6	28,4	31,3	35,74
Carico di rottura P, N	longitudinal	138,7	230,4	254,7	328,1
	in tutto	171,0	174,8	188,8	282,6
Allungamento a rottura L, %.	longitudinal	95,6	82,6	62,1	78,2
	in tutto	112,6	113,4	111,3	126,4
Deformazione irreversibile £ n, %.	longitudinal	30	10	11	14
	in tutto	13	7	10	13
Deformazione reversibile £o,%.	longitudinal	70	90	89	86
	in tutto	87	93	90	87
Restringimento Y, %.	longitudinal	3,7	9	2	8,7
	in tutto	4,8	11	11	2

Analizzando i dati della tabella 3.3, possiamo concludere che il valore della densità superficiale e dello spessore del tessuto a maglia felpata dipende in misura maggiore dalla densità lineare del filato felpato.

Con l'aumento della densità lineare del filato felpato, aumentano la densità superficiale e lo spessore del tessuto a maglia. Poiché il grado di aumento dello spessore è maggiore del grado di aumento della densità superficiale del tessuto a maglia, la densità di massa del tessuto a maglia diminuisce (vedi Tabella 3.3).

Come si può vedere dalla tabella 3.3, la densità di massa più bassa è nella variante I, dove un filato di cotone con densità lineare 20 tex x 1 è stato utilizzato come filato smerigliato e peluche.

Si è constatato che aumentando la densità lineare del filato felpato, la densità superficiale del tessuto a maglia aumenta più intensamente che aumentando la densità lineare del filato macinato.

A causa del fatto che il carico di rottura è preso principalmente dai loop di terra, il carico di rottura più grande ha la variante IV del tessuto a maglia felpata, dove come filato di terra è stato utilizzato filato di cotone di densità lineare 20 tex x 3. Il più piccolo carico di rottura nella variante I di un tessuto a maglia felpata dove come filato smerigliato e filato felpato è stato utilizzato un filato di cotone di densità lineare 20 tex x 1.

Il carico di rottura della maglieria di peluche è mostrato nel grafico a barre in Fig. 3.6.

Figura 3.6. Carico di rottura della maglieria di peluche

La permeabilità all'aria del tessuto a maglia felpata diminuisce con

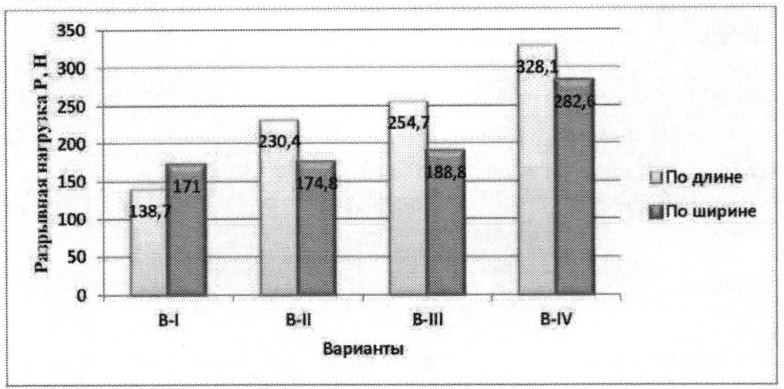

l'aumento della densità lineare del filato macinato, ad esempio, la permeabilità all'aria della variante II del tessuto a maglia felpata è di 85,9 cm3/cm2-sec, e quella della variante IV è di 65,5 cm3/cm2-sec, cioè la permeabilità all'aria della variante IV del tessuto a maglia felpata è inferiore a quella della variante II del tessuto a maglia felpata del 24 % (fig.3.7).

Figura 3.7. Permeabilità all'aria della maglieria di peluche

L'analisi delle proprietà fisiche e meccaniche della maglieria felpata ha mostrato che la resistenza all'abrasione dipende anche dallo spessore del filato

smerigliato.

La resistenza all'abrasione della variante IV è superiore del 14% rispetto alla resistenza all'abrasione della variante III di tessuto a maglia felpata, la resistenza all'abrasione della variante III è superiore del 10% rispetto alla resistenza all'abrasione della variante II di tessuto a maglia felpata (figura 3.8).

Figura 3.8. Resistenza all'abrasione della maglieria di peluche

L'estensibilità è una delle principali proprietà della maglieria che ne determina lo scopo. Le ricerche dimostrano che la maglieria si allunga principalmente a causa dei cambiamenti nella struttura ad anello del terreno. Poiché è lo stesso nella maglieria di peluche come nella maglieria stirata, il tratto di maglieria di peluche ha le stesse caratteristiche della maglieria stirata. Poiché la lunghezza del filo dell'anello di peluche è notevolmente più lunga di quella dell'anello di terra, l'entità dell'allungamento è determinata dalla lunghezza del filo dell'anello di terra.

A causa del fatto che la struttura della trama del terreno in tutte e quattro le varianti di maglieria felpata è la stessa, si verifica un cambiamento insignificante nel valore dell'allungamento a rottura dovuto alle variazioni della densità lineare dei fili di terra e di peluche.

L'allungamento a rottura in lunghezza della maglieria di felpa varia dal 62,1 al 95,6% e in larghezza dal 111,3 al 126,4%.

La deformazione e il restringimento reversibile in tutte le varianti di maglieria felpata si ottiene entro i limiti del GOST e soddisfa i requisiti per i tessuti a maglia destinati alla produzione di maglieria di alta qualità.

L'analisi dei parametri tecnologici e delle proprietà fisico-meccaniche di campioni elaborati di tessuti a maglia felpati ha mostrato che il cambiamento della densità lineare dei fili smerigliati e felpati influenza principalmente la densità superficiale, la permeabilità all'aria, la resistenza all'abrasione e il carico di rottura del tessuto a maglia.

Poiché l'armatura semplice è stata scelta come armatura di base per tutte le varianti di tessuto a maglia felpata, cioè l'armatura di base è la stessa per tutte le varianti di tessuto a maglia felpata, indici come l'allungamento a trazione, la deformazione reversibile e il restringimento si differenziano leggermente l'uno dall'altro, perché questi indici dipendono principalmente dal tipo di armatura di base.

Per identificare la variante di massima qualità della maglieria di peluche, è stata effettuata una valutazione completa della qualità dei campioni di maglieria di peluche esaminati.

A tal fine è necessario tenere conto di un gran numero di fattori che formano la struttura e le proprietà delle reti. Pertanto, per l'elaborazione dei dati statistici è stato utilizzato il metodo di costruzione di complessi grafici di valutazione della qualità.

Questo metodo permette di identificare varianti della qualità richiesta in base alla superficie totale dei poligoni costruiti.

Come analizzato sono stati analizzati quegli indicatori, che influenzano le proprietà fisico-meccaniche e igieniche, sulla stabilità della forma e sull'economia delle materie prime. Tali indicatori sono il carico di rottura, l'allungamento a rottura, la permeabilità all'aria, l'abrasione, la deformazione reversibile, il ritiro, la densità superficiale.

In questo diagramma viene effettuata un'analisi comparativa degli indicatori qualitativi di quattro varianti di maglieria felpata, realizzate con filato di cotone di diversa densità lineare. L'armatura di base era una trama ferro su ferro.

Fig. 3.9 mostra un diagramma di valutazione complessa della qualità dei tessuti lavorati di maglieria felpata, e in Fig. 3.10 è un istogramma che mostra le aree dei poligoni, formate secondo i risultati del diagramma di valutazione complessa della qualità di tutti i campioni di maglia.

Confrontando i risultati della complessa valutazione dei tessuti a maglia felpata possiamo concludere che le varianti che più soddisfano i requisiti per i prodotti di tessuti a maglia superiore sono la variante I, dove come i fili smerigliati e felpati erano

come filato di cotone con una densità lineare di 20 tex x 1, e la variante IV, dove come filato di fondo è stato utilizzato un filato di cotone con una densità lineare di 20 tex x 3 e come filato di peluche è stato utilizzato un filato di cotone con una densità lineare di 20 tex x 1.

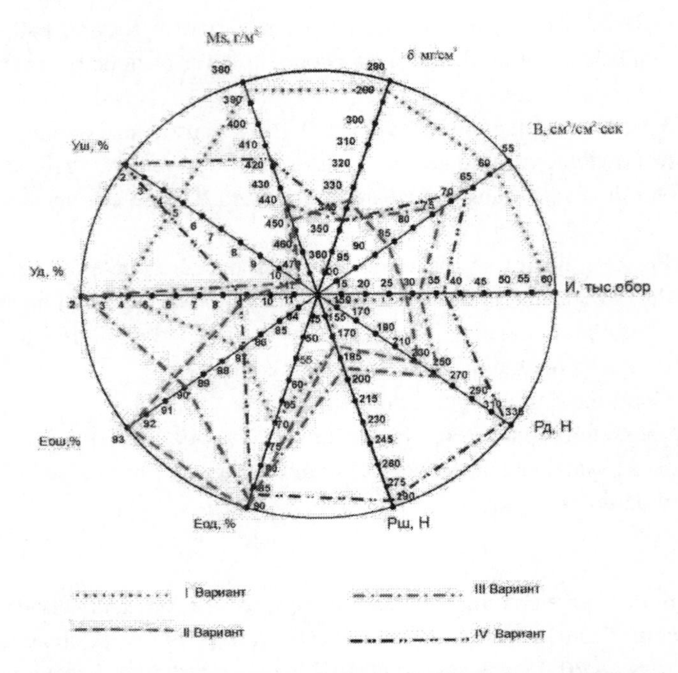

Figura 3.9. Valutazione completa della qualità della maglieria di peluche

Figura 3.10. Istogramma degli indicatori di qualità della maglieria di peluche

Al fine di ampliare la gamma di tessuti a maglia e di utilizzare efficacemente le materie prime locali, è stata sviluppata la tecnologia di produzione di tessuti a maglia felpati in filato di seta e cotone [91-93]. Per ottenere campioni di maglieria felpata è stata utilizzata una macchina per maglieria circolare monotesta MONARCH (USA), progettata per la produzione di biancheria intima, abbigliamento esterno e sportivo. La macchina è dotata di 96 sistemi di lavorazione a maglia, è possibile ottenere intrecci di peluche lisci e fantasia.

Dato che la resistenza del filato di seta è molto più elevata di quella del filato di cotone e che nella maglieria di peluche il carico di rottura viene assorbito principalmente dalle anse di terra, e anche che le anse di terra si trovano sul lato sbagliato e hanno una lunghezza normale di archi di platino, e le cornici delle anse di peluche si trovano sul lato anteriore e hanno archi di platino allungati, è ragionevole utilizzare il filato di seta come filato di terra.

Allo scopo di studiare l'influenza della densità lineare del filato smerigliato e felpato sui parametri tecnologici e sulle proprietà fisico-meccaniche del tessuto a maglia felpato sulla macchina circolare per maglieria sono state prodotte 4 varianti di tessuto a maglia felpata in cui sono state utilizzate come filato di seta smerigliata e come filato di cotone felpato.

Nella produzione della variante I di un filato di seta a maglia felpata con densità lineare 16,7 tex è stato utilizzato come filato macinato, mentre il filato di cotone con densità lineare 20 tex è stato utilizzato come filato felpato.

Per la produzione delle varianti II, III e IV sono stati utilizzati filati di felpa di seta con densità lineare 16,7 tex, 16,7 tex x 2 e 16,7 tex x 3, e come peluche - filati di cotone con densità lineare 20 tex x 3, 20 tex x 2 e 20 tex sono stati utilizzati di conseguenza come filato smerigliato.

Sono stati determinati i parametri tecnologici e le proprietà fisico-meccaniche dei tessuti sviluppati, i risultati ottenuti sono riportati nella tabella 3.4.

Tabella 3.4 Indicatori dei parametri tecnologici e delle proprietà fisiche e meccaniche _ proprietà dei tessuti a maglia felpati

Opzioni Indicatori		I	II	III	IV
Densità del filato lineare, tex	Terra	seta 16,7x1	seta 16,7x1	seta 16,7x2	seta 16,7x3
	Peluche	cotone 20x1	cotone 20x3	cotone 20x2	cotone 20x1
Contenuti in web, %, %, %, %, %, %, %, %, %, %, %, %.	Terra	22	11	25,7	49,9
	Peluche	78	89	74,3	50,1
Densità della superficie Ms, g/m2		314	448,5	432,5	395
Spessore della lama T, mm		1,15	1,5	1,4	1,3
Densità apparente 6,mg/cm3		273	299	308,9	304
Permeabilità all'aria B, cm3/cm2-sec		104,7	83,3	80,1	87,7
Resistenza all'abrasione E, migliaia di cicli		39,2	43,8	41,6	44,05
Carico di rottura P, N	longitudinal mente	179,67	297,5	430,6	662,5
	in tutto	142,3	186,4	213,2	365,1
Allungamento a rottura L, %.	longitudinal mente	93,4	190,5	62,6	75,7
	in tutto	127,8	446,8	104,9	115,6
Deformazione irreversibile in n, %.	longitudinal	20	6	7	10
	in tutto	14	7	9	11
Deformazione reversibile Wo, %.	longitudinal mente	80	94	93	90
	in tutto	86	83	91	89
Restringimento Y, %.	longitudinal mente	9,7	11	5,3	6,4
	in tutto	3,0	-13,8	-2,9	6,4

L'analisi dei risultati ottenuti mostra che con l'aumento della densità lineare della densità superficiale del filato felpato e lo spessore del tessuto a maglia felpato aumenta, e la densità volumetrica diminuisce in modo insignificante. Inoltre, la densità di massa del tessuto a maglia felpata, dove il filato di seta è stato utilizzato come filato macinato, è inferiore a quella del tessuto a maglia felpata, dove il filato di cotone è stato utilizzato come filato macinato (Fig. 3.11).

Quando si tende un tessuto a maglia felpato in lunghezza o larghezza, arriva un momento in cui il tessuto a maglia inizia a strapparsi a causa dell'aumento del carico. Questo momento è caratterizzato dal carico di rottura, che dipende dalla lunghezza di rottura del singolo filetto.

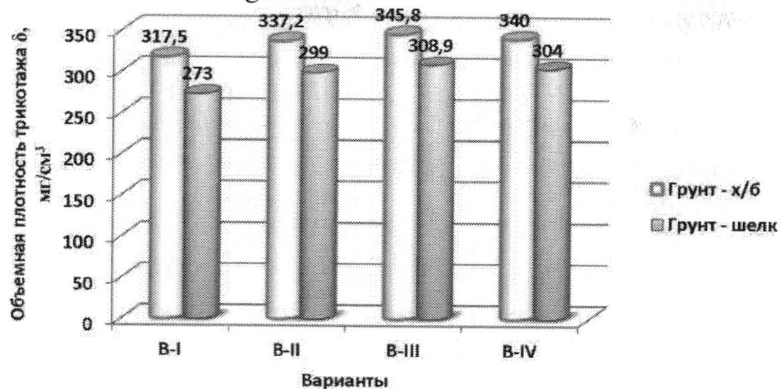

Figura 3.11. Densità volumetrica della maglieria di peluche

Ogni anello di una maglia felpata è composto da due filati, un filato smerigliato e un filato felpato. Se per lavorare a maglia, interlacciando la lisciatura con tale rimboccatura, alla prova per la rottura in direzione delle colonne dell'asola ogni asola resiste alla rottura con una forza pari a *2dgr 2qm (qzp,q "л* - carico di rottura dei singoli fili di terra e degli orsacchiotti rispettivamente).

Tuttavia, in questo tessuto a maglia, la lunghezza degli anelli di peluche è più lunga di quella degli anelli di terra a causa delle estensioni allungate del peluche. Pertanto, quando si tende il tessuto a maglia di peluche in lunghezza e larghezza, i loop a terra raggiungono il loro massimo stato di stiramento prima di quelli di peluche, e si verifica il loro strappo, mentre i loop di peluche possono ancora allungarsi a causa del movimento del filo dalle estensioni di peluche nei bastoncini dei loop. Così, il carico di rottura viene assorbito principalmente dai loop di terra, e l'anello di peluche assorbe parzialmente (a causa dell'attrito tra il loop di terra e quello di peluche) il carico di entità trascurabile.

Pertanto, questo valore può essere trascurato quando si determina la resistenza lungo la lunghezza di un campione di maglia felpata, cioè

$$Kd = \frac{}{1000} \qquad (3.1)$$

dove: Rg - densità orizzontale.

Se allo strappo di una maglia di peluche le forze saranno dirette lungo le file di asole, queste forze saranno contrastate dalle estensioni dell'anello di terra che collegano le colonne di asole. Il numero di questi fili è pari al numero di file di asole nella striscia sottoposta a strappo. Poi la forza di
la larghezza della maglia felpata con una striscia di 5 cm di larghezza è espressa dalla formula:

$$ksh \; \frac{Jagr^{\wedge}}{v} \qquad (3.2)$$

dove: Rv- densità verticale.

Pertanto, se al calcolo della resistenza del tessuto a maglia felpata per il valore del carico di rottura del filo singolo *qzp* invece del valore del carico di rottura del filo di cotone sostituirà il valore del carico di rottura del filo di seta, naturalmente la resistenza del tessuto a maglia felpata aumenterà.

Il carico di rottura lungo la lunghezza e la larghezza del tessuto a maglia felpata (Fig. 3.12), dove il filato di seta è stato utilizzato come filato macinato, è maggiore di quello del tessuto a maglia felpata dove il filato di cotone è stato utilizzato come filato macinato.

Ad esempio, il carico di rottura del tessuto a maglia felpata, dove il filato di cotone è stato utilizzato come filato macinato, è da 138,7 a 328,1 N in lunghezza e da 171,025 a 282,6 N in larghezza, e il tessuto a maglia felpata, dove il filato di seta è stato utilizzato come filato macinato, ha un carico di rottura da

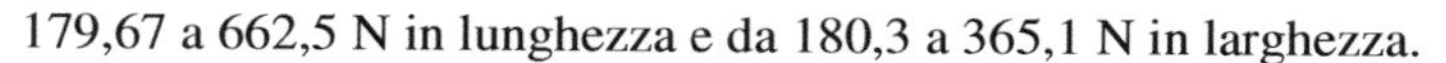

179,67 a 662,5 N in lunghezza e da 180,3 a 365,1 N in larghezza.

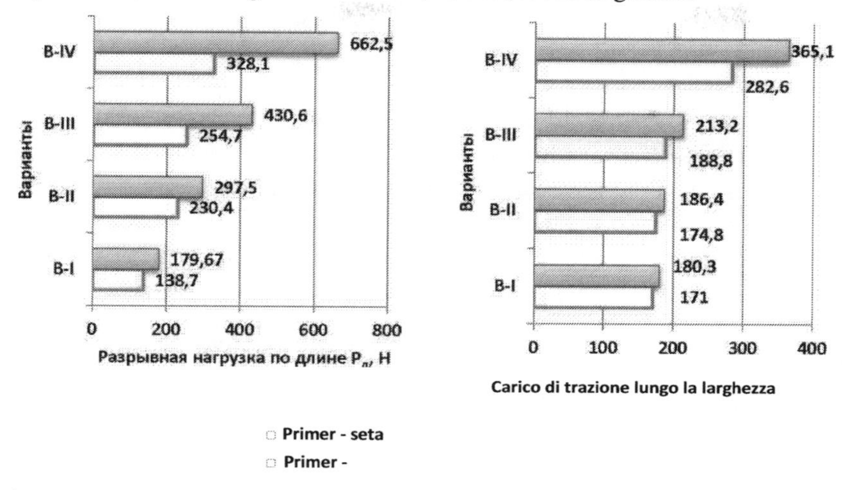

ab

Fig. 3.12. Istogramma comparativo del carico di rottura della maglieria di peluche
in lunghezza (a) e larghezza (b)

La resistenza all'abrasione dei tessuti a maglia felpa di cotone e seta è significativamente più alta e costituisce da 39,2 a 44,05 mila cicli, e per i tessuti a maglia felpa di filato di cotone la resistenza all'abrasione è da 27,6 a 35,74 mila cicli (Fig.3.13).

La permeabilità all'aria della maglieria felpata in cotone e seta si differenzia poco da quella della maglieria felpata in filato di cotone.

Fig. 3.14 mostra un diagramma della complessa valutazione della qualità dei campioni lavorati di maglieria felpata, dove il filato di seta è stato utilizzato come filato macinato.

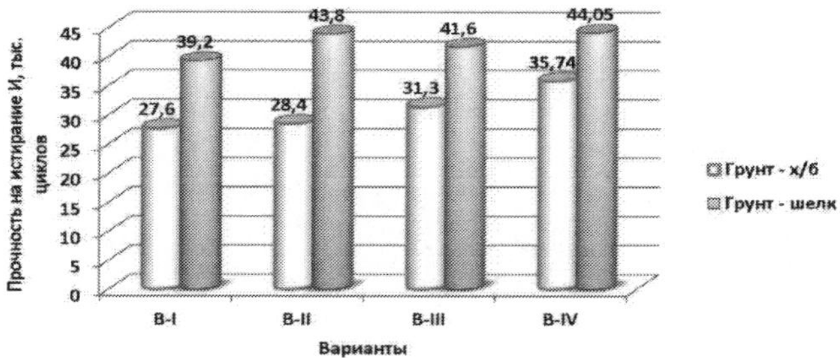

Figura 3.13. Istogramma comparativo della resistenza all'abrasione della maglieria di peluche

Esiste anche un istogramma (Fig. 3.15) che mostra l'area dei poligoni formata dai risultati dei dati del diagramma di valutazione complessa della qualità di tutti i campioni di maglia.

L'analisi dei parametri tecnologici e delle proprietà fisico-meccaniche dei campioni trattati di tessuti felpati in cotone e seta ha dimostrato che l'uso del filato di seta come filato macinato nella produzione di tessuti felpati a maglia a causa delle preziose proprietà del filato di seta diminuisce la densità di massa, migliora le caratteristiche di trazione, cioè l'aumento della lunghezza e della larghezza del tessuto a maglia, aumenta la stabilità della forma, poiché l' indice di restringimento diminuisce, aumenta
permeabilità all'aria, assorbimento dell'umidità e miglioramento dell'igroscopia
proprietà, oltre a migliorare l'aspetto del tessuto, che influisce positivamente sulle proprietà di consumo dei prodotti a maglia.

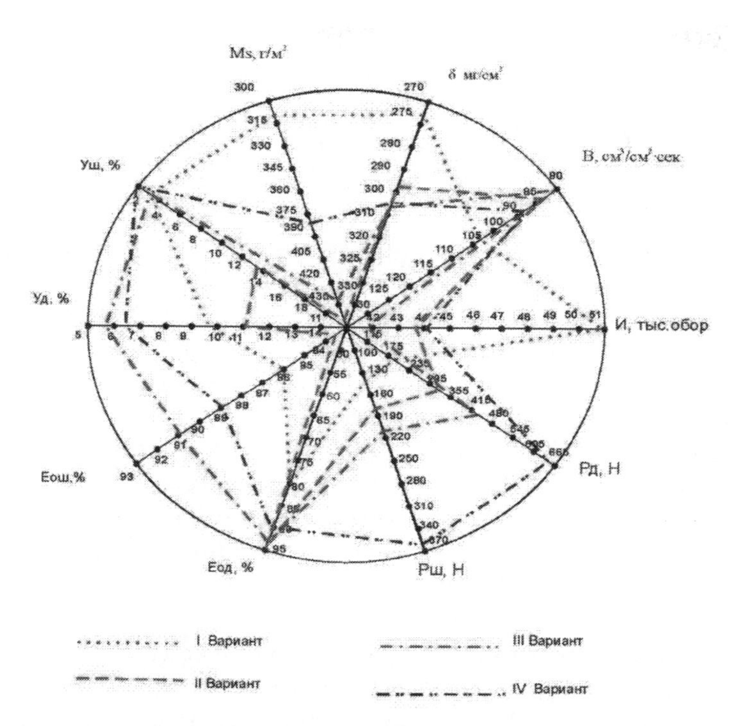

Figura 3.14. Valutazione completa della qualità della maglieria di peluche

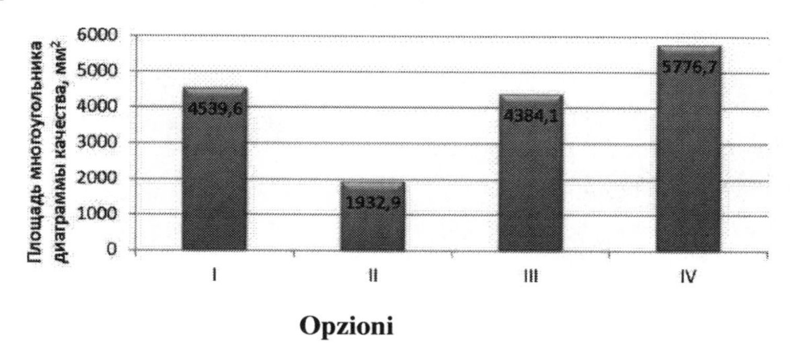

Opzioni

Figura 3.15. Istogramma di qualità della maglieria di peluche

Tenendo conto di quanto sopra, si possono raccomandare le varianti I e IV della maglieria di peluche per l'introduzione nella produzione.

3.4. Studio dell'influenza delle materie prime sui parametri tecnologici e sulle proprietà fisico-meccaniche della maglieria felpata

Al fine di studiare l'effetto del tipo di materia prima sui parametri tecnologici e sulle proprietà fisiche e meccaniche del tessuto a maglia felpata su macchine per maglieria circolare tipo ORIZIO (Italia) sono state sviluppate 4 varianti di tessuto a maglia felpata, che si differenziano tra loro per il tipo di materia prima utilizzata [94-97].

Per la produzione della variante I di un tessuto a maglia felpata per un filato smerigliato e felpato viene utilizzato il filato di cotone di densità lineare 20 tex e questa variante è da noi accettata come base.

Nella seconda variante di tessuto a maglia felpata per il filato smerigliato è stato utilizzato filato di poliestere con densità lineare di 16,7 tex, nella variante III per il filato smerigliato è stato utilizzato filato di seta, e nella variante IV quando si lavora a maglia in prima fila come filato smerigliato è stato utilizzato filato di seta con densità lineare di 16,7 tex, quando si lavora a maglia in seconda fila è stato utilizzato filato di poliestere con densità lineare di 16,7 tex. Per la maglieria di tutte le varianti di maglieria felpata come filato felpato è stato utilizzato un filato di cotone di densità lineare 20 tex.

I parametri tecnologici e le proprietà fisiche e meccaniche dei campioni di tessuto a maglia sono stati determinati e sono riportati nelle tabelle 3.5 e 3.6.

I risultati dello studio hanno mostrato che la densità di massa dei campioni raccomandati di tessuti a maglia è inferiore rispetto alla tessitura di base (variante I) (Fig. 3.16).

Se la densità superficiale dell'armatura di base $_{Me}$= 202,4 g/m2 e lo spessore T = 0,8 mm, la sua densità di volume è 5 = 253 mg/cm3. In questo caso i valori di leggerezza volumetrica dei nastri rispetto alla trama di base saranno i seguenti:

D5 = 5b-5 = 253-229 = 24 mg/cm3 (II)

D5 = 5b-5 = 253-228 = 25 mg/cm3 (III)

D5 = 5b-5 = 253-238 = 15 mg/cm3 (IV)

Qui:

D5 - leggerezza volumetrica, mg/cm3

5b - densità apparente della trama di base, mg/cm3

5 - densità di volume del tessuto studiato, mg/cm3

Tabella 3.5.

Parametri tecnologici della maglieria di peluche

■-- Opzioni Indicatori----		I	II	III	IV
Densità lineare fili, tex	Terra	cotone 20 x1	n/d 16,7x1	seta 16,7x1	p/e16,7x1+ seta16,7x1
	Peluche	cotone 20x1	cotone 20x1	cotone 20x1	cotone 20x1
Contenuti in web, %, %, %, %, %, %, %, %, %, %, %, %.	Terra	30	19	27	Nylon 10% + seta 15%.
	Peluche	70	81	73	75
Passo del seme, A (mm)		1,1	0,91	1,16	1,1
Altezza della fila di asole, B (mm)		1,77	0,77	0,83	0,81
Densità orizzontale, Pg		45	55	43	45
Densità verticale, Pv		65	65	60	62
Lunghezza della filettatura nell'anello, (mm)	suolo	3,8	3,2	3,7	3,65
	peluche	6,4	6,4	6,4	6,5
Densità della superficie Ms, g/m2		202,4	206	175,8	166,5
Spessore della lama T, mm		0,8	0,9	0,77	0,7
Densità apparente 5,mg/cm3		253	229	228	238
Leggerezza volumetrica D5, mg/cm3			24	25	15
Leggerezza relativa 0, %.			9,5	9,9	5,9

La relativa leggerezza di 0 campioni lavorati a maglia è la seguente:

(8\ (229\

6 = (1 - - -) * 100% = (1 - -) * 100% =9,5% (II)

в= (1-£)*100%= (1 ĤI) *100% = 9,9% (III)
б ZJ e / o

c= (i-£)*ioo°= (1 -C8)* 100% = 5,9% (IV)
U J/

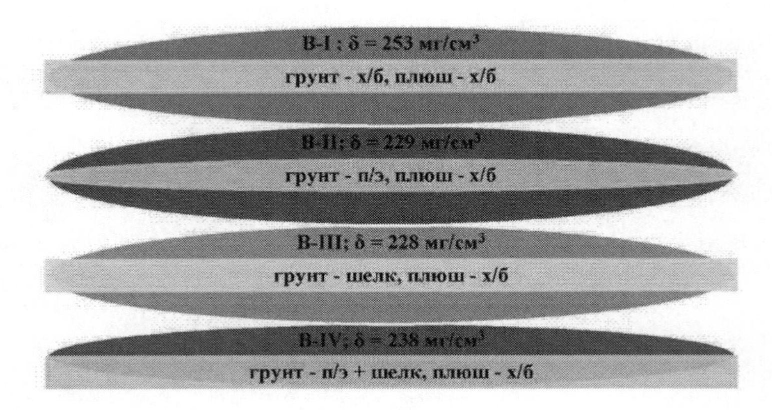

Figura 3.16. Densità volumetrica della maglieria di peluche

L'analisi delle proprietà fisiche e meccaniche dei tessuti felpati raccomandati ha mostrato che la permeabilità all'aria dei tessuti felpati raccomandati nelle varianti III e IV è la più alta 141,1 cm3/cm2-sec, nelle varianti I e II la più bassa permeabilità all'aria è 86,8 cm3/cm2-sec (Tabella 3.6).

È noto che la resistenza all'abrasione delle trame a maglia dipende principalmente dal tipo di materia prima e dalla densità del tessuto a maglia [98,99].

I risultati degli esperimenti hanno dimostrato che la resistenza all'abrasione della variante di maglieria felpata II studiata, rispetto ad altre varianti, ha gli indicatori più alti.

Nella tessitura consigliata della maglieria di peluche è la variante II con la più alta resistenza, la resistenza di questa maglieria lungo la lunghezza è di 233,1 N, la resistenza su tutta la larghezza è di 129 N. La resistenza in lunghezza e in larghezza delle restanti varianti III e IV sono vicine alla resistenza dell'armatura di base (variante I) (tabella 3.6, fig. 3.17).

Tabella 3.6.

Proprietà fisiche e meccaniche della maglieria di peluche

--- -- -Opzioni Indicatori -		I	II	III	IV
Densità del filato lineare, tex	Terra	cotone 20 x1	n/d 16,7x1	seta 16,7x1	n/e16,7x1 + seta16,7x1
	Peluche	cotone 20x1	cotone 20x1	cotone 20x1	cotone 20x1
Contenuto di fili nel tessuto, %.	Terra	30	19	27	Nylon 10% + seta 15%.
	Peluche	70	81	73	75
Permeabilità all'aria B, cm3/cm2-sec		86,8	86,8	141,1	141,1
Carico di rottura Pp, N	longitudinal	159,4	233,1	201,3	202,4
	in tutto	105,8	149	143	156
Allungamento a rottura L , %	longitudinal	77,9	108,4	49,9	77,9
	in tutto	131,3	160,9	105,9	141,5
Ceppo inverso £o,%.	longitudinal	89,5	86,5	91	91,5
	in tutto	90,0	89	88	89
Deformazione non obbligata 8n,% 8n,%	longitudinal	10,5	13,5	9	8,5
	in tutto	10,0	11	12	11
Restringimento Y, %.	longitudinal	5,3	-2,4	7,1	5,9
	in tutto	-3	-0,7	-9,6	-0,2
Pulendo E, migliaia di r.p.m.		18,9	19,6	14	16

È noto che la stabilità della forma della maglieria dipende dall'alto o basso allungamento a trazione [100.101]. Più basso è l'allungamento a trazione, maggiore è la stabilità di forma del tessuto a maglia. La tabella 3.6 mostra che a causa dell'uso del filato di seta come filato macinato, nelle varianti III e IV, l'allungamento in lunghezza e larghezza rispetto alla trama di base (variante I) è relativamente minore.

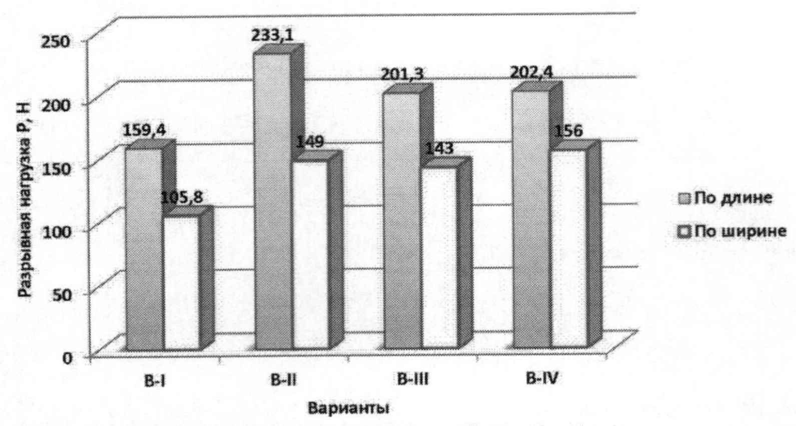

Figura 3.17. Carico di rottura della maglieria di peluche

Questo a sua volta dà ragione del fatto che le trame a maglia della variante III e IV hanno un'elevata stabilità di forma.

Per determinare gli indicatori di qualità è stato utilizzato un diagramma della complessa valutazione della qualità dei campioni di maglieria di peluche elaborati (Fig. 3.18). C'è anche un istogramma che mostra l'area dei poligoni formata dai risultati del diagramma della complessa valutazione della qualità di tutti i campioni di maglia (Fig. 3.19).

L'analisi degli indicatori tiene conto dei criteri che influenzano il risparmio di materie prime, la stabilità della forma, le proprietà fisico-meccaniche e igieniche del tessuto a maglia. Tali indicatori includono il carico di trazione del tessuto a maglia, l'allungamento a trazione, la permeabilità all'aria, il restringimento, la densità superficiale e volumetrica del tessuto, la resistenza alle deformazioni, ecc. L'analisi dell'istogramma ha mostrato che tra i campioni prodotti di maglieria felpata III e IV varianti di tessuti hanno indicatori di alta qualità.

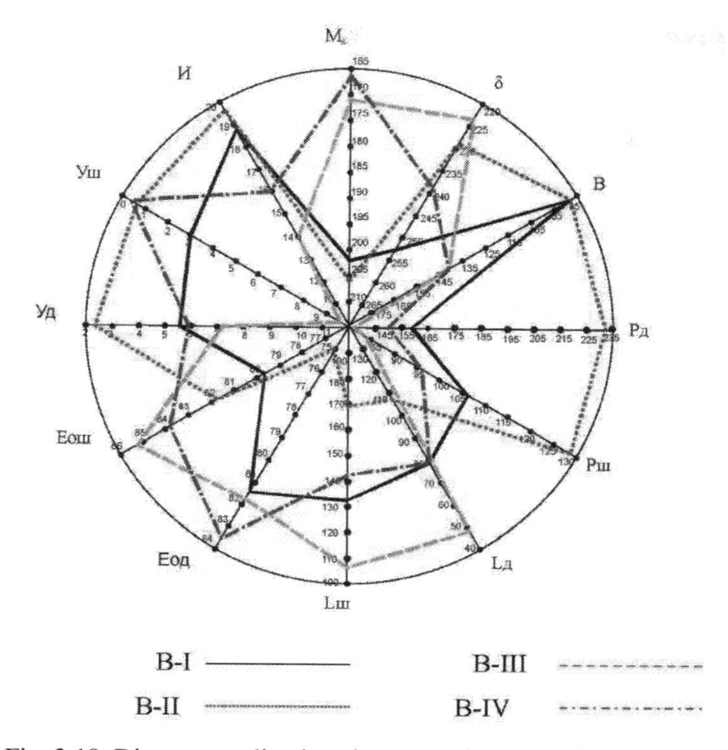

Fig. 3.18. Diagramma di valutazione complessa degli indicatori di qualità della
maglieria di peluche

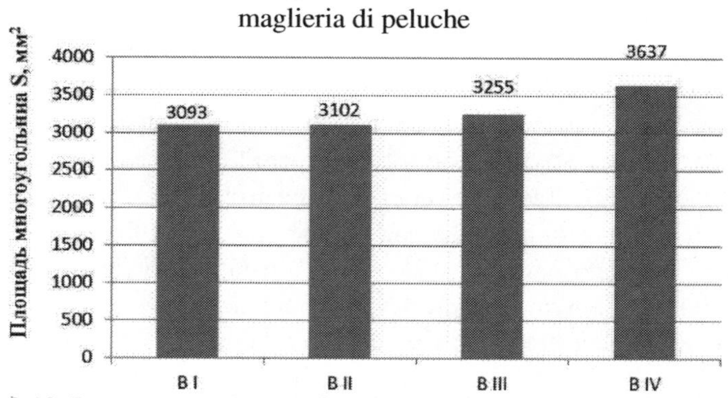

Fig. 3.19. Istogramma comparativo degli indicatori di qualità della maglieria di peluche

Quando si utilizza il filato di seta come superficie di filato smerigliato e la densità di massa del tessuto a maglia felpato diminuisce, la stabilità della forma e la durata del tessuto a maglia aumentano rispetto alla trama di base (variante I).

Grazie a questa ricerca scientifica si ottengono maglieria di alta qualità, sostitutiva dell'importazione, competitiva, rispondente alle esigenze del mercato nazionale ed estero attraverso l'efficace utilizzo di materie prime locali.

3.5. Tecnologia di produzione di maglieria felpata con filato di Lycra ad alta resistenza

Per molto tempo in Uzbekistan, insieme a tessuti economici e semplici, sono stati prodotti tessuti di straordinaria bellezza e di alta qualità - cotone, semi seta, seta e lana, che erano famosi in tutto l'Oriente ai tempi dell'antichità e dell'alto Medioevo, quando la famosa "Via della seta" correva dalla Cina attraverso l'Asia centrale.

La Repubblica dell'Uzbekistan è il sesto produttore mondiale di cotone, dopo Cina, Stati Uniti, India, Pakistan e Brasile, e il terzo produttore mondiale di bozzoli di seta e seta naturale e il primo tra i paesi della CSI.

Il filato naturale è molto ecologico in quanto contiene solo fibre naturali di origine vegetale e animale. Il filato naturale è di alta qualità, alta igiene e prezzo elevato [102.103].

La maglieria in filato di cotone ha una buona igiene, igroscopicità e un buon rapporto qualità-prezzo per una vasta gamma di consumatori.

Le particolari esigenze dei materiali tessili dovute alle specifiche condizioni climatiche rendono indispensabili elevate proprietà igieniche della seta naturale e la leggerezza e la bellezza contribuiscono ad una costante richiesta di prodotti realizzati con essa. I principali requisiti imposti dagli scienziati medici ai prodotti igienici razionali sono: morbidezza, flessibilità, igroscopicità, idrofilia, protezione della pelle dagli influssi meccanici - attrito e irritazione. I prodotti devono essere ben assorbenti di vapore acqueo, fornire un'elevata permeabilità all'aria [104.105]. Queste proprietà sono tipiche per i filati di seta naturale.

Il filato sintetico in forma pura non è consigliato per gli indumenti a maglia, in quanto ha scarse qualità igieniche, ma piccole aggiunte di fibra sintetica alla composizione del filato naturale rendono le cose fatte di esso più durevoli, resistenti agli influssi esterni, pratiche per l'uso quotidiano.

Pertanto, l'ampliamento della gamma di maglieria attraverso l'uso efficace di materie prime locali come il cotone, la seta è rilevante.

Tra i tessuti a maglia che vengono utilizzati con successo per la produzione di abbigliamento esterno, biancheria intima calda, prodotti per bambini, nonché prodotti tecnici, un certo interesse è rivolto ai tessuti felpati che hanno migliori proprietà di protezione termica.

È noto che la maglieria di felpa prodotta sulla base della stiratura, nonostante i suoi vantaggi, ha la capacità di deformarsi quando è esposta ai carichi. Ciò è dovuto al fatto che il fondo di un tessuto a maglia felpato ha una struttura meno stabile rispetto al tessuto felpato. Questo limita il campo di applicazione della maglieria di peluche.

Spesso il filato di poliestere viene utilizzato come filato smerigliato nella produzione di maglieria di peluche placcata per l'abbigliamento esterno per aumentare la stabilità della forma. Tuttavia, il poliestere è una materia prima costosa e anche l'uso di filati di poliestere riduce le proprietà igieniche del tessuto a maglia. Anche l'uso del filato di poliestere come filato macinato e del filato di cotone come filato felpato può causare difficoltà di tintura in quanto i diversi tipi di materie prime utilizzate richiedono diversi regimi di tintura e possono dare diversi colori.

Pertanto, abbiamo condotto uno studio per migliorare la stabilità della forma della maglieria felpata attraverso l'inclusione del filato di Lycra nella sua struttura [106]. Il filato di lycra viene lavorato a maglia insieme al filato macinato. Il vantaggio dell'utilizzo del filo di lycra nella produzione di maglieria felpata è che il filo di lycra, grazie alle sue insuperabili proprietà di assumere la dimensione originale dopo lo stiramento, aumenta la stabilità di forma della maglieria felpata, e grazie alla sottigliezza il filo di lycra non pesa la maglieria e non si vede sulla superficie del tessuto.

Per la produzione di campioni di maglieria di felpa è stata utilizzata una macchina per maglieria circolare monocottura Pailung (Taiwan) progettata per la produzione di biancheria intima, abbigliamento esterno e sportivo.

La figura 3.20 mostra una rappresentazione grafica di una maglia felpata. 3.20.

Nella prima versione della maglia felpata, come filato smerigliato è stato utilizzato filato di poliestere con una densità lineare di 11 tex e come filato felpato è stato utilizzato filato di cotone con una densità lineare di 20 tex.

Nella seconda versione della maglia felpata, come filati di cotone con una densità lineare di 20 tex è stato utilizzato il filato di cotone con una densità lineare di 20 tex.

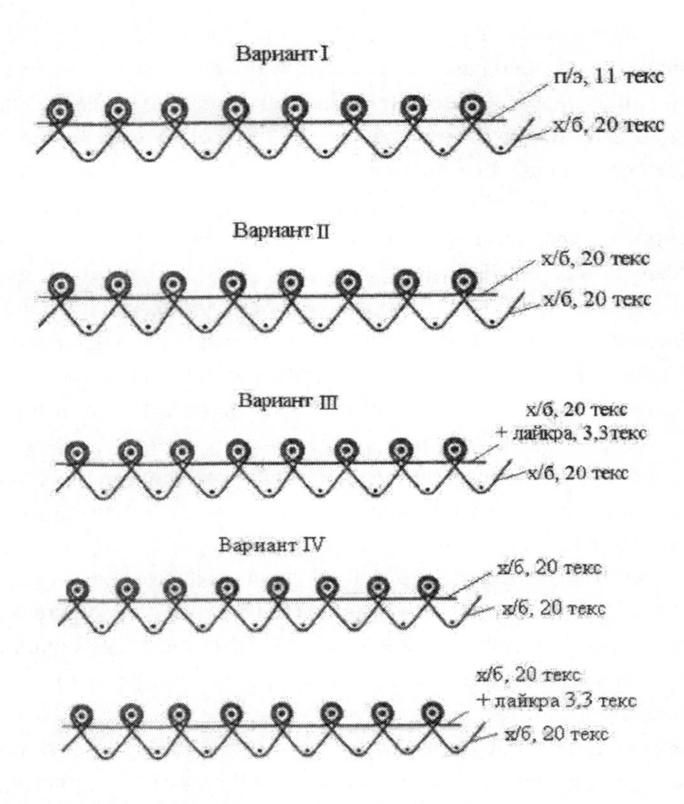

Figura 3.20. Rappresentazione grafica della maglieria di peluche

Nella terza variante del tessuto a maglia felpata è stato utilizzato un filato di cotone con densità lineare di 20 tex come filato smerigliato e felpato. In questa variante, a differenza della seconda variante, è stato inserito nella sua struttura un filato di Lycra ad alta resistenza per aumentare la stabilità di forma del tessuto a maglia felpato. Il filato di lycra viene lavorato a maglia insieme al filato macinato. Il processo di produzione dei campioni di tessuto a maglia felpata è stato stabile e senza difficoltà. Nella produzione di maglieria felpata a partire dai tipi di materie prime elencate è necessario prestare attenzione alla tensione del filo in ingresso. Parametri tecnologici e proprietà fisico-meccaniche dei tessuti sviluppati, i risultati ottenuti sono riportati nella tabella 3.7.

Tabella 3.7

Indicatori dei parametri tecnologici e delle proprietà fisiche e meccaniche maglieria di peluche

Indicatori- '■----____^ Opzioni		I	II	III	IV
Densità del filato lineare, tex	Terra	n/d 11 tex	cotone 20 tex	cotone 20 tex+ Lycra 3,3	cotone 20 tex+ Lycra 3,3
	Peluche	cotone 20 tex	cotone 20 tex	cotone 20 tex	cotone 20 tex
Contenuto di fili nel tessuto, %.	Terra	19,1	29,6	cotone29,96 + lycra 2,64	cotone28,6 + Lycra
	Peluche	80,9	70,4	67,4	70,6
Densità superficiale M	ts, g/m2	316	381	470	423
Spessore della lama T, mm		1,2	1,34	1,63	1,52
Densità apparente 5,mg/cm3		263,3	284,3	288,4	278,3
Permeabilità all'aria B, cm3/cm2-sec		86,8	86,8	40,9	39,5
Resistenza all'abrasione E, migliaia di giri		49,6	58,6	71,8	66,1
Carico di rottura P, N	longitudinal	208,2	159,4	206,03	196,3
	in tutto	164,5	105,8	199,09	157,7
Allungamento a rottura L, %.	longitudinal	128,7	95,6	149,8	127,1
	in tutto	147,1	112,6	138,8	132,3
Allungamento a 6H, %.	longitudinal	38,1	20,3	23,6	21,9
	in tutto	47,2	26,5	30,9	31,1
Deformazione irreversibile, 8 n%.	longitudinal	21	18,5	13	17
	in tutto	18	20,3	12	13
Ceppo reversibile, 8o%	longitudinal	79	81,5	87	83
	in tutto	82	79,7	88	87
Restringimento Y, %.	longitudinal	6	3,7	6,2	8,7
	in tutto	0,9	4,8	3,4	6,2
Costo di 1 ^{m2} di tessuto, somma		2190	2127	2310	2126

L'analisi dei risultati ottenuti mostra che la densità di volume della maglieria di peluche varia da 263,3 a 288,4 mg/cm3, cioè la densità di volume in tutte e quattro le varianti ha valori vicini.

Le proprietà di protezione termica della maglieria felpata prodotta con filato di Lycra ad alta resistenza erano migliori di quelle delle altre varianti (Fig. 3.21).

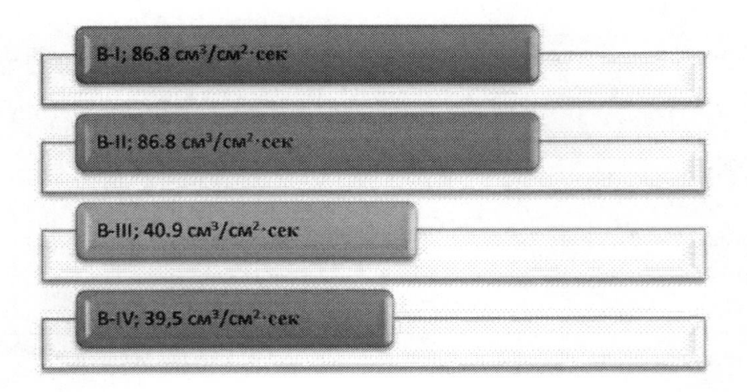

Figura 3.21. Permeabilità all'aria della maglieria di peluche

La resistenza all'abrasione della variante III è superiore alla variante I maglieria felpata, dove il filato di poliestere è stato utilizzato come filato macinato (Fig.3.22).

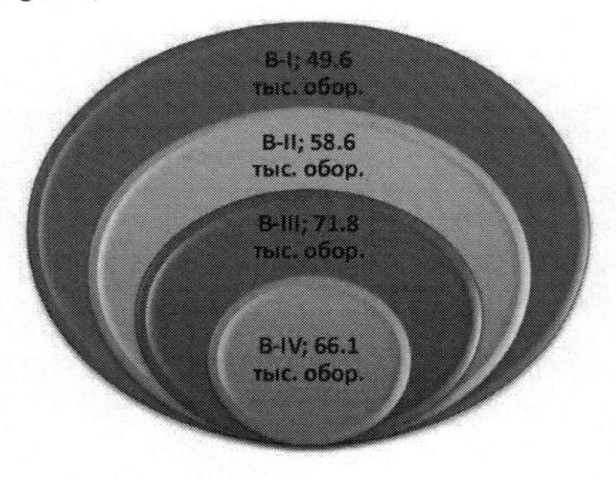

Figura 3.22. Resistenza all'abrasione della maglieria di peluche

Il carico di rottura caratterizza la durata e la resistenza all'usura dei prodotti. I prodotti subiscono durante il funzionamento una deformazione e un carico significativamente inferiori rispetto ai carichi di trazione. Pertanto, è importante sapere come si comporteranno i tessuti sotto carico corrispondente ai carichi operativi per tenerne conto nella progettazione dei prodotti.

Il carico di strappo lungo la lunghezza dei campioni di tessuto a maglia felpata varia da 159,4 a 208,2 N. Il carico di rottura delle varianti III, IV del tessuto a maglia felpata è vicino agli indici di carico di rottura della variante I e fa 206,03 N e 196,3 N, e il carico di rottura sulla larghezza del tessuto a maglia felpata della variante III è superiore al carico di rottura della variante I e fa 199,08 N.

Il carico di rottura sulla larghezza della versione IV del tessuto a maglia felpata è vicino agli indicatori del carico di rottura della versione I e fa 157,7 N.

I principali indici di stabilità della forma della maglieria sono l'allungamento a trazione, la deformazione reversibile e irreversibile e il ritiro.

La resistenza alla trazione con carichi inferiori al carico di rottura è di particolare importanza per caratterizzare le proprietà prestazionali dei prodotti realizzati con tessuti facilmente estensibili per identificare i limiti di restringimento nella progettazione e nel taglio dei prodotti. Dai risultati della ricerca [107] è noto che già ad un carico di 5 N, che è il 2-4 % del carico di rottura, il tessuto (ad esempio, da macchine per maglieria circolare: smalto kulirnaya, doppio stiro, flapper e altri) ottiene un allungamento pari al 25-60 % del carico di rottura.

Nell'uso, i tessuti a maglia sono generalmente sottoposti a carichi fino a 10 N. Per i tessuti tecnici, questi carichi dipendono dall'uso previsto e dalle condizioni operative. Con carichi così piccoli si verificano delle deformazioni, legate principalmente alla struttura del tessuto [108]. Le deformazioni del filato stesso nel tessuto sotto questi carichi (fino a 0,1 N per filato) non appaiono affatto, o appaiono in modo insignificante.

Un carico di trazione di 6 N per un provino di 50 mm di larghezza è specificato per determinare la resistenza alla trazione dei tessuti utilizzati per la produzione di indumenti aderenti. Il carico selezionato assicura che le proprietà di trazione dei provini durante la prova siano vicine a quelle dei prodotti in servizio con errori accettabili (±5).

Per il collaudo di nastri tecnici, ovviamente, devono essere selezionati altri carichi in base alle condizioni di funzionamento di questi nastri. Va notato che con carichi inferiori a 6 N la disomogeneità delle prestazioni aumenta. Ad esempio, con un carico di 1 N, l'errore di campionamento aumenta di un fattore due in alcuni casi.

L'allungamento a rottura lungo la lunghezza della maglieria in felpa cambia dal 95,6 al 149,8 %, e l'estensibilità al carico 6H - dal 20,3 al 38,1 %. L'allungamento a strappo della maglieria di peluche della variante III a pieno carico è del 149,8% e sotto il carico 6H è di 23,6N. L'allungamento a trazione lungo la lunghezza della versione IV del tessuto a maglia felpata è del 127%, e l'allungamento a 6H di carico è del 21,9% (Fig. 3.23).

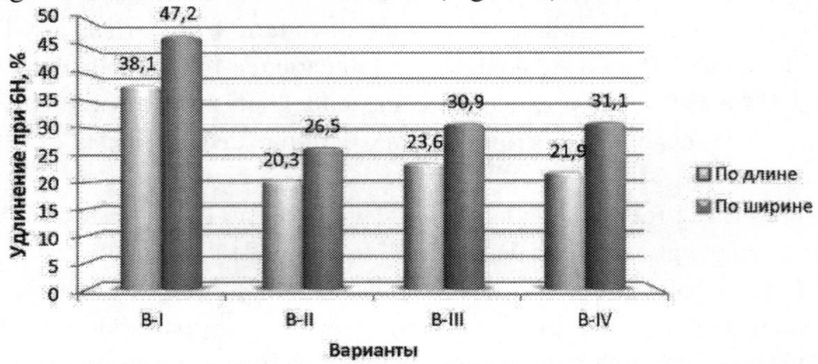

Figura 3.23. Allungamento della maglieria di peluche a 6H

L'allungamento a trazione lungo la larghezza della maglieria in felpa varia dal 112,6 al 147,1%, e la resistenza a trazione con un carico di 6 N varia dal 26,5% al 47,2%.

L'allungamento a rottura dei tessuti a maglia felpa della versione III a pieno carico è del 138,8%, e sotto il carico di 6N è del 30,9%. L'allungamento a rottura della versione IV dei tessuti a maglia felpa in larghezza è del 132,3N, e l'allungamento sotto il carico di 6N è del 31,1%.

Pertanto, l'estensibilità in lunghezza e in larghezza dei tessuti a maglia felpata delle varianti III, IV, dove il filato di cotone con aggiunta di filato di Lycra come filato macinato è stato utilizzato con carico 6N, è inferiore all'estensibilità del tessuto a maglia felpata della variante I, dove il filato di poliestere è stato utilizzato come filato macinato.

L'estensibilità dei tessuti a maglia varia dal 20-200%. La estensibilità dei tessuti di cotone provenienti da macchine per maglieria circolari varia dal 50-150% a seconda della densità lineare del filo, del tipo di tessitura, della classe della macchina. Tenendo conto di questo fattore nella progettazione dei prodotti, si possono apportare gli opportuni adeguamenti alle dimensioni dei prodotti determinati sulla base dei dati antropometrici.

Tutti i tessuti a maglia sono divisi in tre gruppi a seconda dell'indice di elasticità. Il primo gruppo comprende tessuti con un indice di elasticità inferiore al 40%, il secondo gruppo comprende tessuti con resistenza alla trazione dal 40 al 100%, e al terzo - più del 100% [85].

Quando si progettano i prodotti, è importante sapere quali sono le proprietà elastiche del web.

La deformazione totale e è composta dalle seguenti parti: deformazione elastica eu, che scompare istantaneamente dopo che il provino è stato sollecitato;

deformazione elastica ee con un lungo periodo di rilassamento, che si sviluppa nel tempo ad un ritmo lento; deformazione plastica en, che non scompare dopo che il provino è stato sollecitato: eu = eu + ee + en.

Poiché è difficile catturare la deformazione elastica rapida durante le prove, e la deformazione elastica dipende dal tempo e dalle condizioni di rilassamento, le prove solitamente determinano la quota di deformazione reversibile, che include la deformazione elastica e la maggior parte della deformazione elastica, e la quota di deformazione irreversibile, che include la deformazione plastica e la parte di deformazione elastica che non ha avuto il tempo di apparire entro il tempo "di riposo" del campione stabilito dalla tecnica.

La quota di deformazione reversibile B della deformazione totale, %, è determinata dalla formula

$$Bo = (l1 - l2)/(l1 - lo)*1000$$

dove I0 è la lunghezza iniziale del campione;

11 - è la lunghezza del provino dopo l'applicazione del carico;

12 - lunghezza del campione dopo il "riposo

Questa è una misura delle proprietà elastiche dei tessuti a maglia. Maggiore è il grado di deformazione reversibile del tessuto, migliore è la forma del tessuto che deve essere mantenuta.

Figura 3.24. Deformazione reversibile della maglieria di peluche

I risultati dell'analisi delle proprietà fisiche e meccaniche del tessuto a maglia felpata mostrano che la deformazione reversibile delle varianti III, IV del tessuto a maglia felpata è maggiore della deformazione reversibile della variante I (Fig. 3.24), e gli indicatori di restringimento dei campioni ottenuti sono vicini tra loro e soddisfano i requisiti per i prodotti di tessuto a maglia esterna.

Fig. 3.25 mostra un diagramma della complessa valutazione della qualità dei tessuti a maglia felpati con filato di lycra ad alto restringimento. Viene mostrato anche un istogramma (Fig.3.26)

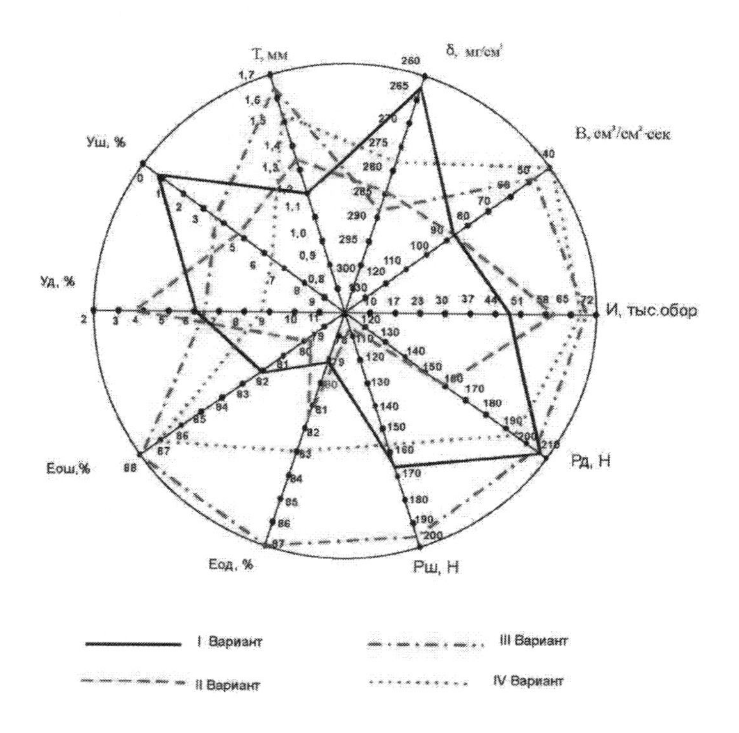

Figura 3.25. Valutazione completa della qualità della maglieria di peluche

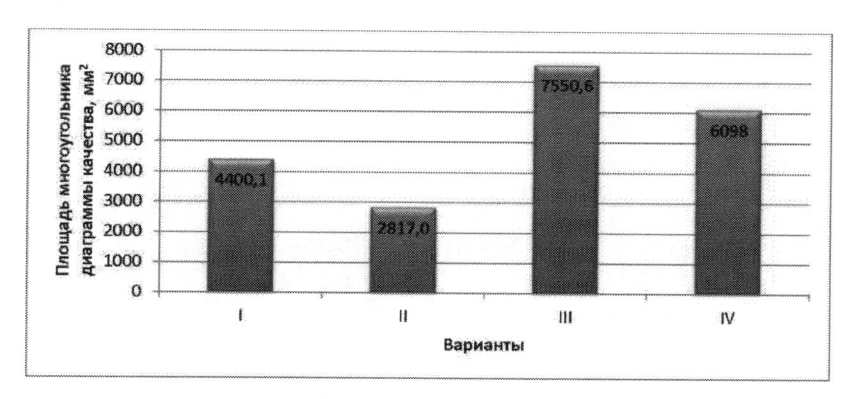

Fig. 3.26. Istogramma degli indicatori di qualità della maglieria di peluche

Confrontando i risultati della valutazione composita dei tessuti a maglia felpati si può concludere che le versioni III e IV del tessuto a maglia felpata non sono inferiori al tessuto a maglia felpata della versione I, dove il filato di poliestere è stato utilizzato come filato smerigliato, e indicatori quali le proprietà igieniche, la stabilità della forma, la resistenza all'abrasione, la traspirabilità della versione III sono superiori a quelli della versione I del tessuto a maglia felpata.

Inoltre, il costo della variante IV di tessuto felpato a maglia è inferiore a quello della variante I (Fig. 3.27).

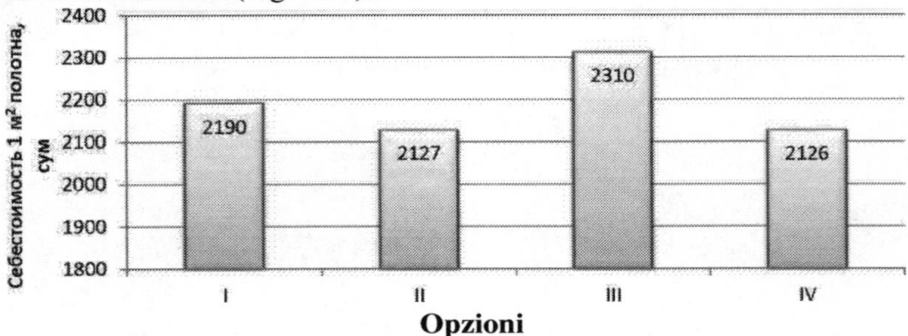

Figura 3.27. Istogramma del costo della maglieria di peluche

Sulla base di quanto sopra si può notare che durante la produzione di tessuto a maglia felpata utilizzando come filato macinato invece del filato di poliestere (19,1%) un filato di cotone con una piccola aggiunta (2,64% per la III variante e 0,8% per la IV variante) di filato di Lycra ad alto restringimento può migliorare le proprietà igieniche del tessuto a maglia, aumentare la resistenza alla forma, ridurre il costo del tessuto a maglia felpata grazie al risparmio di costosa materia prima importata di poliestere.

La maglieria proposta può essere utilizzata con successo nella produzione di assortimenti di maglieria di alta qualità, soprattutto per bambini.

CAPITOLO IV. STABILIZZAZIONE DEL MODO DI LAVORO A MAGLIA NELLA PRODUZIONE DI MAGLIERIA FELPATA

4.1. Calcolo della tensione del filato di orsacchiotto per la maglieria felpata

Nell'esaminare l'operazione di looping, si è osservato che nel calcolare la tensione del filo di peluche durante il looping si deve tenere conto dell'effetto dei vecchi loop, dello spessore del filo di peluche e dell'attrito tra i fili di peluche e quelli rettificati.

La ricerca ha dimostrato che la formula di Eulero solitamente utilizzata in questo caso per calcolare la tensione del filo dà una discrepanza con i dati sperimentali. Il coefficiente di attrito, che è stato assunto da Eulero come costante per il materiale dato, si è rivelato essere variabile. Il coefficiente di attrito del filetto che avvolge il cilindro dipende dalla velocità del filetto e dal carico sul filetto.

Per l'operazione di accoppiamento, I.S. Milchenko ha espresso l'effetto del vecchio cappio sul filato da accoppiare sommando gli angoli di copertura e distinguendo i coefficienti di attrito del filato sul filato e del filato sull'acciaio:

$$T = T_0 e^{Ts,\ Sa + tsEf} \qquad (4.1)$$

In questo caso si considera il processo di flessione, assumendo che il filamento di flessione sia sempre nel piano verticale (Fig.4.1,a,b).

Come risultato dell'analisi del processo di looping nella produzione di maglieria felpata su macchine per maglieria, si è scoperto che la forza di trazione del tessuto può essere trasferita alla tensione del filato quando è in fase di accoppiamento [109]. Per questo motivo, la massima tensione che si verifica nel filato aumenta e la rottura aumenta. Sotto l'azione della forza di trazione si verifica la flessione del filo curvo 1 sul vecchio anello 2, a causa della quale si verifica un certo angolo di copertura tra questo e il vecchio anello (Fig.4.1,b,c). Di conseguenza, il filo arricciato acquisisce una tensione supplementare AT rispetto a quella già esistente

Questo deve essere tenuto in considerazione nei calcoli relativi al rilevamento della resistenza del filato quando i filati vengono fresati.

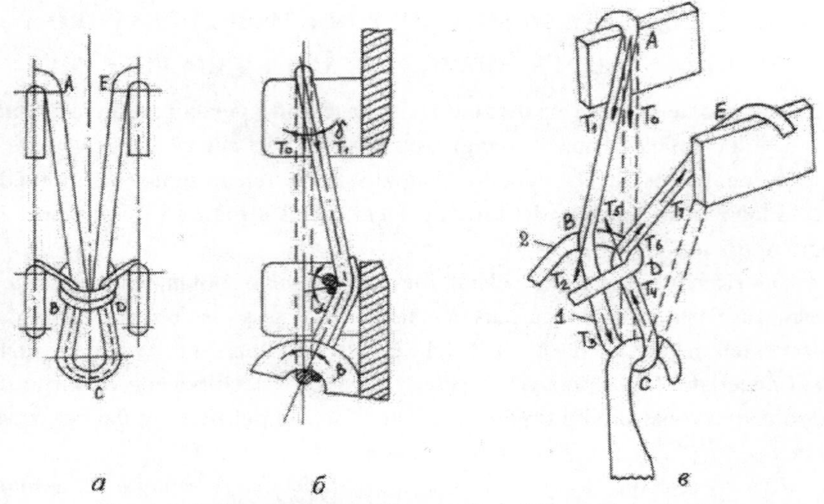

Fig. 4.1. Influenza del vecchio anello sul filato da arricciare

Per calcolare il filo curvo $ABC\ PP{>}E$ lo dividiamo in due sezioni: la prima sezione abc 1 (il primo ramo) e una sezione simile con 2 *de* . La sezione c^2 fa l'arco della circonferenza dell'ago del filo.

Lasciare che i rami del filo curvato originariamente situati lungo le linee AC_1 e *cp* sotto l'azione della forza di trazione *p* attraverso il filo di raggio $R\ SI$ allontanino da queste linee ad una distanza $h = ar$ (Fig. 4.2). Così i rami sono divisi in sezioni: rettilineo-ad $_1$, cp_2,$c2kg$,EK_1 e archi di circonferenza- $^D1\ ^D2$ e $^K1\ ^{K2}$-

Le parti rettilinee dei rami AD_2, EK_1 rendono gli angoli $_r$, e i rami *cp2,cp2 rendono* angolari , rispettivamente, con il piano iniziale. Stabiliamo una relazione tra la grandezza dello stiramento $h = ar$ e la forza *p* dalla lunghezza del filo $i = AC_x = EC_2$ I rami destro e sinistro sono disposti secondo lo stesso schema. Consideriamo quindi il ramo sinistro.

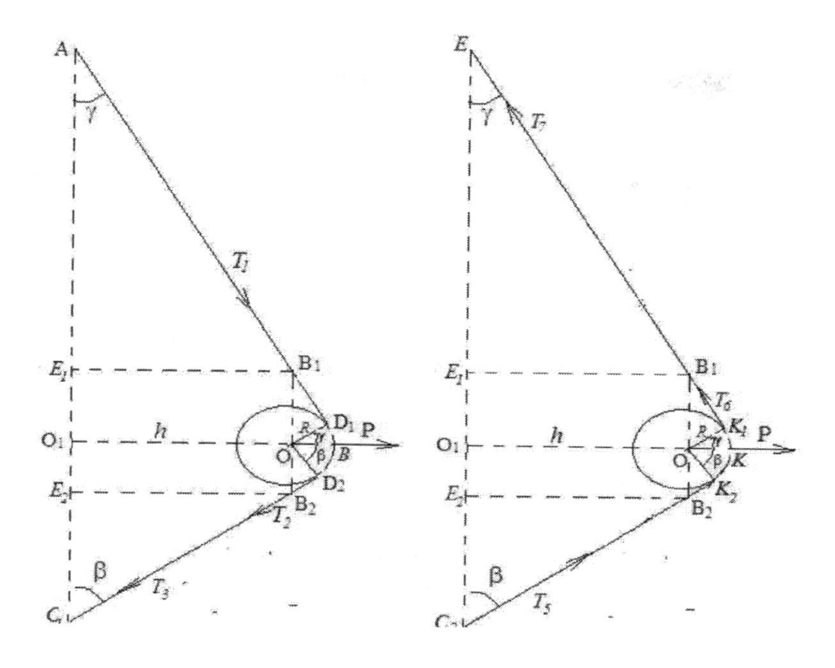

Fig.4.2 Schema della disposizione dei rami di filettatura ABC_1 (schema a), EKC_2 (schema *b*)

idee di forza di trazione *p*

su di essi

Dallo schema di disposizione del ramo sinistro del filo dopo lo stiramento, presentato in Fig.4.2, si stabiliscono le seguenti dipendenze geometriche:

$$AO\,\mathrm{j} = AE\,\mathrm{j} + Efl_x = hctg\ y + OB_x = hctg\ y + \frac{R}{\text{peccato } y}$$

$$C\,O = CflE_d + Efl = hctg\ p + OB_2 = hctg\ p + \frac{R}{\text{peccato } p},$$

Date le condizioni $i = AO_1 + co$, otteniamo

$$l = hctg\ y + OB\,\mathrm{j} = \mathrm{hctg}\ y + \frac{RR}{\text{peccato } usin\ p} + + hctg\ p + \qquad (4.2)$$

L'uguaglianza (4.2) a determinati valori di *i* e *R* stabilisce la relazione tra l'ampiezza dello stiramento *h* e gli angoli, *a* e *p* .

Le fig. 4.3, e 4.4 mostrano le curve di dipendenza del valore del tratto *h* (riferite alla lunghezza del ramo del filo arricciato i = *ASSO* J dall'angolo p per diversi valori dell'angolo di deviazione del ramo dal dente del deflettore $_r$. Si vede che la maggiore influenza sul cambiamento di magnitudine del pullback e della distanza i *si* osserva a grandi valori di angolo x . Allo stesso tempo, per piccoli valori di x, il valore del pullback, raggiungendo il valore massimo, rimane costante.

Indichiamo con y e $t2$ le tensioni del filo, rispettivamente, alle uscite dai punti A e D_D, per determinare quale sia la legge di Eulero [110].

Ti = A $^{\text{exP(}}$*f*< ") ,(*4*.3)

^{T2} =*Tl* exp[/*la* $_H$^{1}= $^{T0\ \text{exP}}$[!''' + *Aa* $_H$^{1}

(4.4)

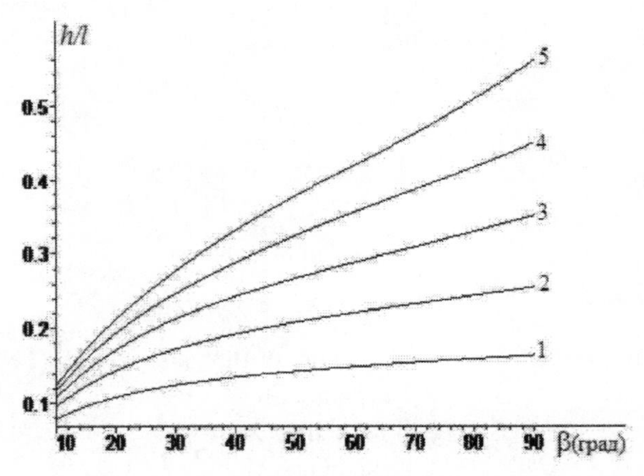

Fig.4.3. Le curve del valore di allungamento h (relative alla lunghezza del ramo del filo arricciato i = *COME* 1) dall'angolo p (*deg*) a diversi valori dell'angolo di deviazione del filo dal dente del deflettore x (*deg*): i - x = io , 2 - x = 15 , h - x = 20 , 4 - x = 25 , 5 - x = 10

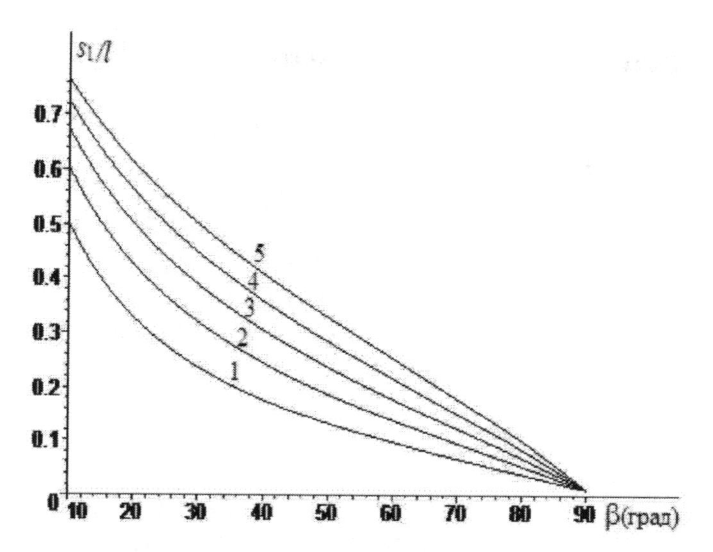

Fig.4.4 Curve di distanza = *cpt* (riferito alla lunghezza del ramo del filo arricciato *i* = *COME* 1) dall'angolo *p* (*deg*) a diversi valori dell'angolo di curvatura del filo dal dente di curvatura *y* (*deg*): 1 - *y* = 10 , 2 - y = 15 , h - *y* = 20 , 4 - y = 25 , 5 - *y* = 10

t0 - tensione nella parte di scorrimento del filo prima dell'introduzione della trazione, *p* - coefficiente di attrito del filo contro il filo, *p* = *y* + ^, z, - variazione dell'angolo di trazione *y a causa* dell'attrito, approssimato dalla formula

$$RX, = \frac{\exp(- ru)}{\text{perché } y} - 1$$

an è l'angolo di copertura del filo arricciato della vecchia ansa, secondo la Fig. 4.2 prenderemo pari a = *y* + *p*

La tensione del filo è aumentata nella sezione *cp a causa del* tiro indietro del filo

$$t3 = t2 \exp(pp_p) \qquad (4\text{-}5)$$

dove $ar = p + Xr$, $RX p = \frac{\exp(- pp)}{\text{perché } p} - 1$

La tensione all'uscita della sezione *cf* è determinata dalla formula di Eulero

$T4 = T3 \exp(PP)$ (4-6) dove *t* è il coefficiente di attrito del filo contro l'ago e i denti del deflettore, *e a* è l'angolo della circonferenza del filo dell'ago. Poi nelle sezioni *con2* tenendo conto del ritiro, abbiamo

$$t5 = t4 \exp(tsa_{p}) \quad (4\text{-}7)$$

La tensione all'uscita del punto $D2$ (senza entrare nella sezione DE) è determinata dalla formula di Eulero

$$t6 = T5 \exp(tsa\ H) \quad (4\text{-}8)$$

Nella sezione $D\ E$ abbiamo

$$T7 = T6 \exp(ua_{g}) \quad (4.9)$$

Fig. 4.5 mostra le curve di variazione della tensione $t7$ (cn) dall'angolo p per diversi valori dell'angolo di copertura dell'ago a . Nei calcoli $t0 = 12\ cn$, $ts =$ 0,22 , $ts = 0{,}18$ [110]. Si può vedere che con l'aumento degli angoli ar e la tensione del filo curvato alla sezione aumenta e può raggiungere il valore limite.

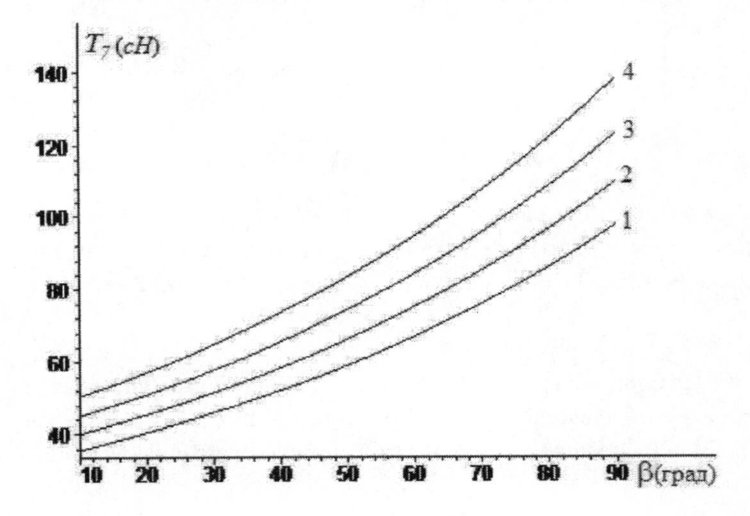

Fig.4.5 Curve di tensione t (cN) rispetto all'angolo p per diversi valori dell'angolo di copertura della superficie dell'ago a (deg): 1 - $a = 30$, 2 - $a = 60$, 3 - a = 90 , 4 - a = 120

Gli angoli y e p dipendono dalla t, $t3$, $t5e$ t, che si formano sulle parti rettilinee dei rami del filetto, che, tenendo conto della direzione del moto del filetto, soddisfano l'equazione di equilibrio

$$(T - T7)\text{peccato}\ y - (T3 - T5)\text{peccato}\ p = P \quad (4.10)$$

Usando le espressioni y $t3$ $t5$ e t da (2), (4), (6) e (8) si forma un'equazione che collega gli angoli y e p

$$\{\text{echr}[\ l^{(2ar} + {}_{ar} + a_{H}) + \hat{}a^{1-}\text{echr}[\ l^{(}{}_{ar} + a + a + a_{H})]^{\}\ \text{peccato}\ p} - \{\text{echr}[\ l(^{2ar} + 2ar + a_{H}) + ur^{1-}\text{echr}(\ la_{y})\}\ \text{peccato}\ y - P / T0 = 0 \quad (4.11)$$

Le equazioni (4.2) e (4.11) formano un sistema di equazioni trascendentali per determinare gli angoli y e p. La determinazione diretta degli angoli y e da questo sistema è associata ad alcune difficoltà. Pertanto, dati i valori dell'angolo e del rapporto $p = p / ty$ dall'equazione (4.11) troviamo il corrispondente valore dell'angolo p. Poi dall'uguaglianza (4.2) troviamo le relazioni $h = AC_1 / 1$ e y = /iclal /1 = $CO. /i$, che hanno una forma ($Y = R / i$)

$$h = \frac{l\,(\text{peccato } y \text{ peccato } p - R\,(\text{peccato } y + \text{peccato } p))}{\text{peccato}(p + y)},$$

Con la formula (4.9), calcoliamo la tensione del filato peluche durante la pacciamatura, tenendo conto della forza di trazione. La maglieria felpata viene prodotta su una macchina circolare di classe 10, dove il filato di cotone con densità lineare 31x2 tex viene utilizzato come filato smerigliato e felpato. Coefficiente di attrito del filetto cerato circa l'acciaio è preso ц1 = 0,18, e coefficiente di attrito del filetto circa il filetto ц = 0,22. Angolo di copertura del vecchio anello $_{an}$ = 36°.

Le tabelle 4.1, 4.2 presentano i dati p, h, y a diversi valori di forza ridotta $P = p / t0$ per due valori di angolo di circonferenza a . Nei calcoli è stato assunto: $y = 10^{0}$, $l = 0{,}22$, $l.$ = o.is

Tabella 4.1.

Dati di p , h , a" = [450] e diversi valori di $P = P / t0$

$P = P/t$	0.05	0.2	0.4	0.6	0.8	1.0	1.14
P (deg)	32	41.5	51.8	61.5	71.2	81	90
$h = h/l$	0.127	0.136	0.144	0.150	0.155	0.160	0.164
$^{5i} = 51 / ^{l}$	0.22	0.17	0.126	0.093	0.063	0.035	0

Tabella 4. 2.

Dati di p , h , a" = [900] e diversi valori di $P = P / t$

$P = P/t$	0.05	0.2	0.4	0.6	0.8	1	1.14	1.4	1.6	1.8
P (deg)	26	32	39.8	46.7	53.5	60	64	73	80.4	90
$h = h/l$	0.12	0.127	0.135	0.14	0.145	0.148	0.151	0.156	0.160	0.164
$^{5i} = {}^{s}i/^{l}$	0.27	0.22	0.177	0.146	0.12	0.98	0.85	0.58	0.37	0

Per confrontare i dati calcolati ottenuti con i dati reali, abbiamo determinato il valore sperimentale della tensione del filato di orsacchiotto. Per la misurazione della tensione di un filo di peluche alla produzione di una maglieria di peluche sulla macchina a giro tondo della classe STG 10 è stata utilizzata l'installazione da noi sviluppata. La tensione massima di un filo di peluche alla fresatura, ricevuta sperimentalmente, rende Tk = 580 cN.

La formazione di una maglia felpata si basa su una differenza significativa nella profondità del terreno e dei filati felpati. Il numero di aghi simultanei dipende dalla profondità dell'ago, dall'angolo di taglio e dal passo dell'ago.

La tensione del filo di peluche aumenta con l'aumentare della profondità di avvolgimento, e la tensione del filo di peluche è di molte volte superiore a quella del filo di terra [111.112]. Nelle opere [113-116] sono stati proposti vari modi per diminuire il grado di tensione del filo di peluche durante l'avvolgimento.

Di solito, quando si analizza la tensione di un filo in una macchina per maglieria circolare, si considera il caso in cui vi sia un filo sotto il gancio dell'ago. Tuttavia, con la maglieria in un certo numero di armature come placcata, pressata, peluche e altre, i due fili che vengono tagliati contemporaneamente o il filo che viene tagliato e l'anello precedentemente formato (vecchio) vengono posti sotto il gancio dell'ago. In questo caso, essi interagiscono, con conseguente ulteriore modifica della tensione.

Quando i filati felpati e i filati rettificati si muovono insieme a velocità diverse e vengono tirati insieme attraverso vecchi anelli, tra questi filati vi è una forza di attrito che deve essere presa in considerazione nel calcolo della tensione del filato felpato nel processo di looping.

Poiché la tensione supplementare del filo di peluche si verifica a causa della presenza di una forza di attrito tra il terreno e i fili di peluche, è possibile tener conto di questa situazione aggiungendo alla tensione del filo di peluche la tensione supplementare causata dall'attrito del filo contro il filo, vale a dire.

1 1

tsDEA+Ea J + 2 [(tsu + -- 1) + (tsR +)---- 1) + ts a n J + ts a 3 + ts

{\an8}Tsu _n tsr

r-lg-lsoz y-esoz P-e

T = Tn e (4.12)

κ0

Quando si calcola la tensione del filetto di peluche con la formula (4.12), la tensione del filetto di peluche è Tk = 541 sN.

Come si può vedere, il valore calcolato della tensione del filo di peluche differisce da quello sperimentale in modo insignificante, il che dà motivo di raccomandare e utilizzare la formula (4.12) quando si determina la tensione del filo di peluche nel processo di looping.

4.2. Determinazione della riciclabilità dei filati e dei filati su macchine per maglieria nella produzione di maglieria felpata

4.2.1. Giustificazione teorica della capacità di lavorare a maglia di filati e filati

Per prevedere la capacità di lavorazione di un filato, è necessario introdurre alcuni indicatori quantitativi che caratterizzino la riserva di resistenza del filato in funzione delle sue condizioni di lavorazione [117.118].

Tale indicatore può essere una funzione di danno che caratterizza il grado di danno accumulato nel provino, che è pari a "0" all'inizio del carico e "1" al momento della distruzione del filo. Cioè, *(*o*) = *o* e * (*tt*)= 1, dove *t.* - è il tempo che intercorre tra l'inizio del carico e la frattura. Tipicamente, i valori della funzione * (*t*) si trovano nel campo 0 < o(t)< *1*. Il valore della funzione di danno assunto da un filetto durante l'elaborazione può indicare quanto sia stato distruttivo il processo per il filetto e quale sia il margine di sicurezza rimasto.

Attualmente, ci sono molti criteri di forza [119]. Nella ricerca di una soluzione che utilizzi metodi analitici per calcolare la resistenza del filato quando viene caricato nel processo di lavorazione a maglia, in questo lavoro è stato scelto il criterio Bailey. La funzione di danno in questo caso può essere espressa come segue:

*(t ;

(4.13)

dove: t "[st (t)] = B - st 0 nella legge di potenza della durata.

Per descrivere le condizioni di elaborazione di cui sopra è necessario conoscere:

1. Proprietà del filato da lavorare, rappresentate dai parametri di durabilità "B" e *"c";*

2. Legge di carico del filetto *st (t)*

Studi sperimentali volti a determinare la legge di carico del filetto nel processo di looping hanno mostrato che la sezione più pericolosa della curva di carico ha la seguente forma (Fig. 4.6).

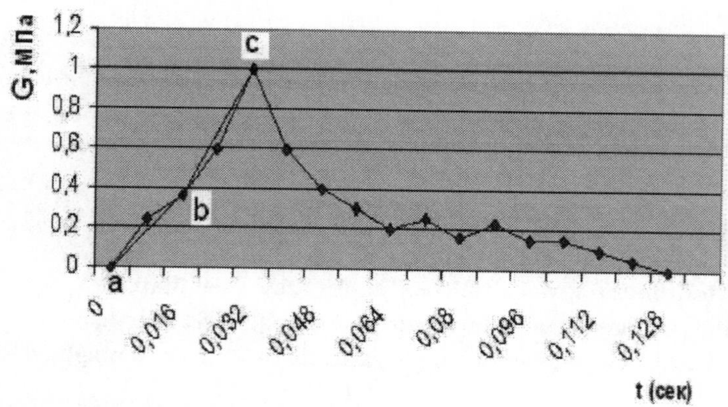

Fig. 4.6. La curva di carico del filato nel processo di looping

Per esprimere la curva in forma analitica, la spezziamo in due

sezione, sulla quale è possibile approssimare con due linee rette av e vs. Con i parametri noti del funzionamento della macchina per maglieria, della densità lineare e volumetrica del filato, è possibile determinare la sezione trasversale del filato con la formula:

dove *Tn* è la densità lineare del filato; ^ è la densità del filato; 5- è la sezione trasversale del filato.

Modifica della legge di carico della filettatura $_{st}$ *(t)* tenendo presente che

F (t)

dove: *a (t)* - stress, *MPa;P(1)*- tensione del filo, N.

Il tempo t può essere espresso in termini di velocità della macchina.

Dividiamo il ciclo di carico in due sezioni *ab* e *bc* (Fig.4.6). In queste sezioni del ciclo di carico, secondo lo schema adottato, le sollecitazioni possono essere rappresentate come

$$a = a = kt$$

$$a = a_2 = a_n + k2t \text{ sotto } tt < t < t2 ,$$

dove $k_1 = a10 / G1$, $e_n = \frac{a10 \cdot 2 \quad - a20}{Z_2 - Z1}$, $k_2 = \frac{a20 \quad - a10}{t_2 - 11}$

® = = _£(*,£) -- a0 < t < ,(4.15)

® ! *in* (ь + 1)

[*d* + *kt*](ь + 1) - [*a* + *k t*](ь + 1) z. 1

® = ® = ® () + ^ ---- 2 ")-*g*-^ ----a G < t < t2,(4.*16*)

All' Fig. 4.7. e 4.8. mostrano le curve di funzione

damageability® (*t*) (0 < ® < 1) dal tempo t (sec) per i diversi valori dei parametri in (cek ■ n) *ð* . Nei calcoli, si presume che: = 0,022 *sec* , *ayu* = 0,38MPa ,

t2 = 0,038 *sec* , *a* = 1 *MPa* .

Quando si utilizza la legge di potenza della durata *t*,[*a*[*t*]) = *in a-y in* relazione (4.16), definendo le funzioni di danno per ottenere parametri di durabilità è necessario utilizzare i risultati

prove del filato da rompere con due s

tassi di carico costanti,

Cioè

$$a = a_g = kgtpree \qquad 0 < t < tx ,$$

$$a = a = a = a_n + k2t \; pri \qquad < t < t2 ,$$

In questo caso la condizione limite di somma lineare della danneggiabilità di Bailey (4.13) sarà presto all'unità

$$\int_0 \frac{dt}{t \cdot [a(t)]} \qquad (4.17)$$

Qui y è il momento della terminazione del danno al filato. Mettendo le espressioni per lo stress *a* nell'integrale (4.17), si ottiene la formula per la determinazione del tempo *t*

$tp = \{B\ (lb + 1)k_2[1 - ®1(Z1)] + [a\ n + k_{2Bt\,2}]^{b+1\}b+1\}b+1}$
$/ k\,2 - a\,''\,I\,k_2$ (4.18)

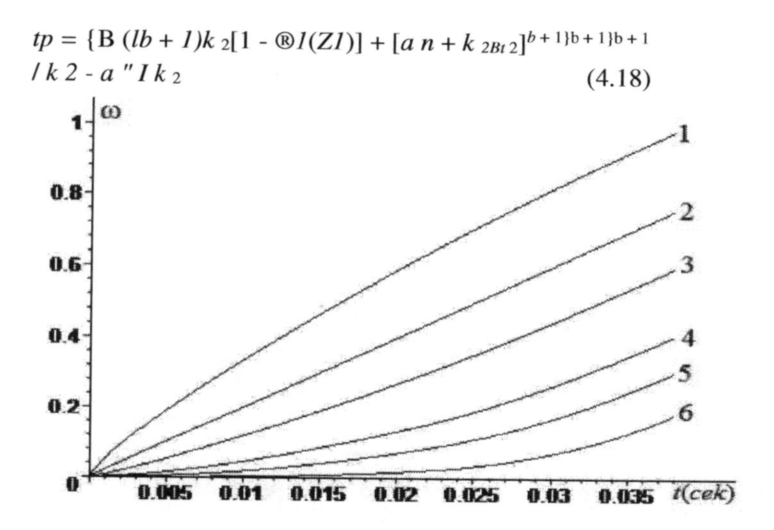

Fig. 4.7. Curve della funzione di danneggiamento ® vs. tempo

3 - b = 0,2 , 4 - b = 0, 65
- b = 1

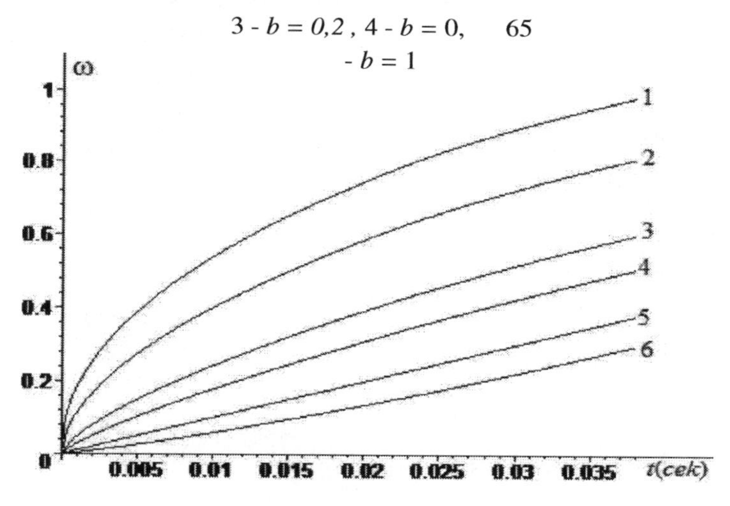

Fig. 4.8. Le curve di variazione della funzione di danno ® vs. tempo $t(cek)$ a v = 0,1 e diversi valori del parametro ь : 1 -ь = -0,53 , 2 -ъ = -0,45 , 3 - b = -0, 34 - b = -0,2 , 5 - b = 0 , 6 - b = 0,2

Fig. 4.9 mostra le curve di variazione del tempo di danno *tp* (*cek*) dal parametro ь per diversi valori *in* (*cek* ■ *n*). Nei calcoli è accettato: = 0,022 *sec* , ^10 - 0,38 *MPa* , *t2* - *0,*038 *sec* , *(T* 20 - 1 *MPa* .

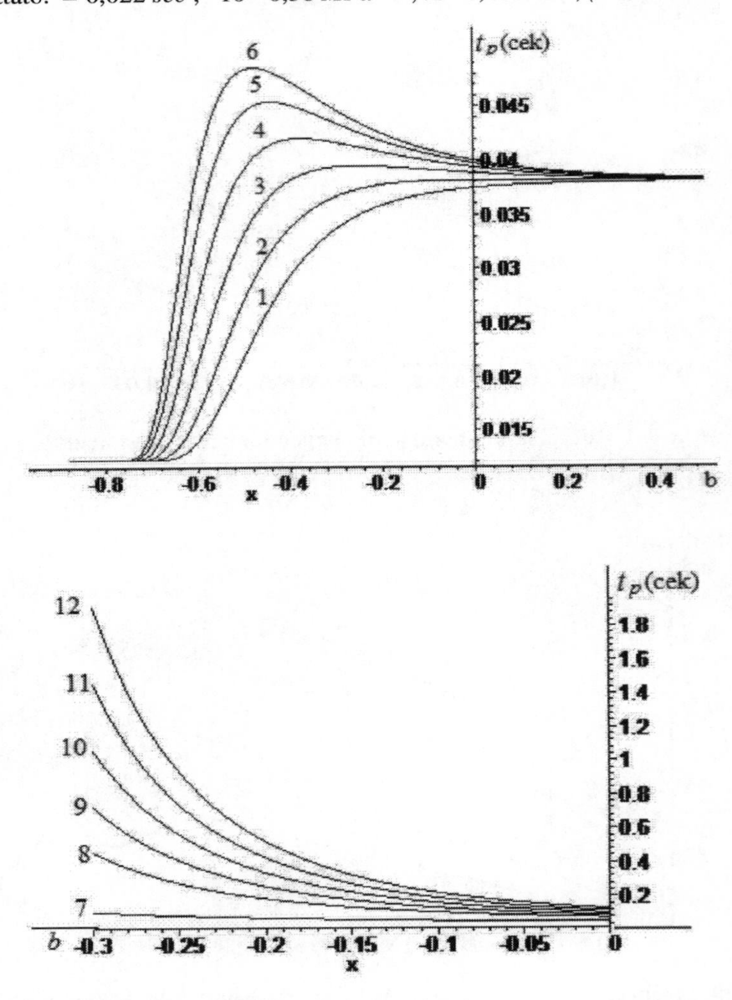

Fig. 4.9. Curve temporali *tp (cek)* in funzione del parametro ь per diversi valori di *c (cek* ■ *n) % in* : 1 - *in - 0,001* , *2 - in - 0,03* , h - *in* - *0,*055 , 4 - *in - 0,*075 , 5 - *in - 0,*09 , 6 - in - 0,1 , 7 - *in - 0,5* , 8 - *in* - 1,5 , 9 - in - *2* , 10 - *in - 2,5* , 11 - in - 3 , 12 - *in* - 3,5

Si può notare che il tempo di danneggiamento *t* dipende in modo significativo dai parametri ь e *in* per l'intervallo di variazione dei parametri - 1 < ь < 0 . A ь > *0 tutte le* curve praticamente coincidono.

Dalla formula (4.18) si nota che la dipendenza del tempo *tp* dai parametri y e yv ha una forma complessa e la sua analisi può essere effettuata solo mediante calcolo. A questo proposito, consideriamo il caso in cui la curva di carico del filetto è approssimata da una singola linea *a = st01*. Mettendo questa espressione in integrale (4.16) e calcolandola, troviamo il tempo

1

tp = [*in* (ь + 1)*a* 0-ь]y+1 a 0 < t < 12

Dopo alcune trasformazioni l'ultima espressione si riduce alla forma

(4.19)

dove -_1 ь

$^{t}p = {}^{\ln t}p\,,\ {}^{a}0 = {}^{\ln a}0\,,\ {}^{a}0 =$ ln[*B* (ь + 1)] , *a* =

^{ry}+1 ь + 1

L'uguaglianza (4.19) indica che è possibile rappresentare la dipendenza tra i logaritmi del tempo *tp* e della tensione *a0* come funzione lineare.

La determinazione di *aoi e di un* coefficiente è il compito dell'analisi di regressione dei risultati di prova del filato a livelli numericamente diversi, ma costanti nel tempo, dei tassi di carico o0 [120], cioè

d a

-- = *a* = *constdt*

Dopo la determinazione dei coefficienti *a0* e *a* di regressione lineare della forma

(4.19) i valori dei parametri di durabilità B e *c* sono facilmente determinabili.

La rappresentazione (4.19) può essere usata per trovare i parametri y e *in* se c'è una regressione lineare tra *tp* e *a0* (in unità logaritmiche), stabilita sperimentalmente. In questo caso, le costanti *a* e *a* saranno conosciute per esperienza, e i parametri della legge di durabilità *t,* [*a* [*t*]) = *in a-y* sono determinati attraverso queste costanti dalle formule

$$B = (a + 1)\exp \qquad (4.20)$$

Fig. 4.10-4.14 mostra una curva di dipendenza dei parametri b e B dai valori sperimentali di a, alla quale il parametro b prende i valori positivi e negativi ad a<0 e a>0 corrispondentemente, ad a ^-1 aumenta all'infinito.

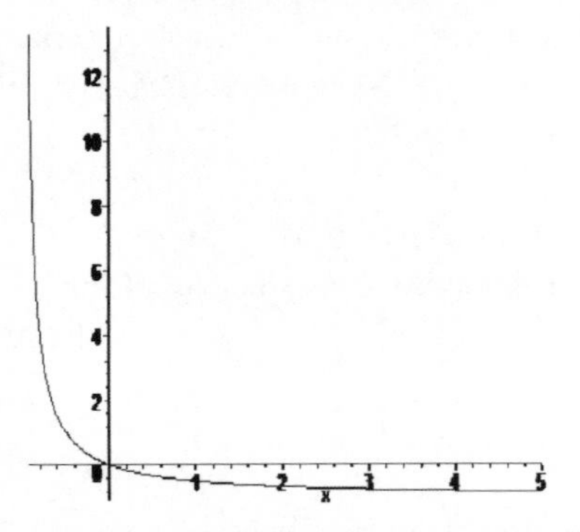

Fig. 4.10. Curva di dipendenza del parametro *b* dai dati sperimentali *a*

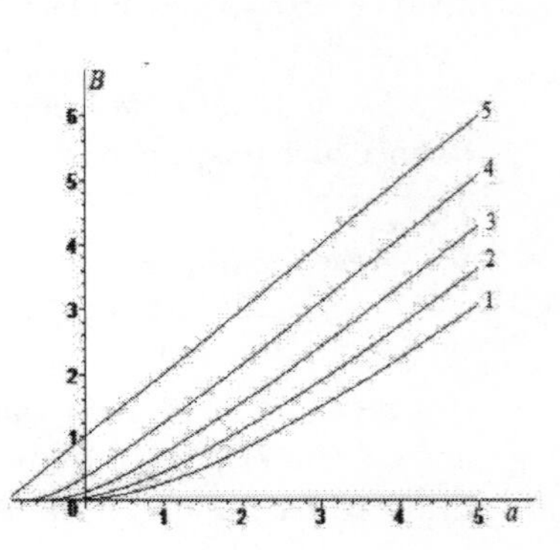

Fig. 4.11. Curve di dipendenza del parametro *B* dai dati *a* con diversi valori di *a0* :

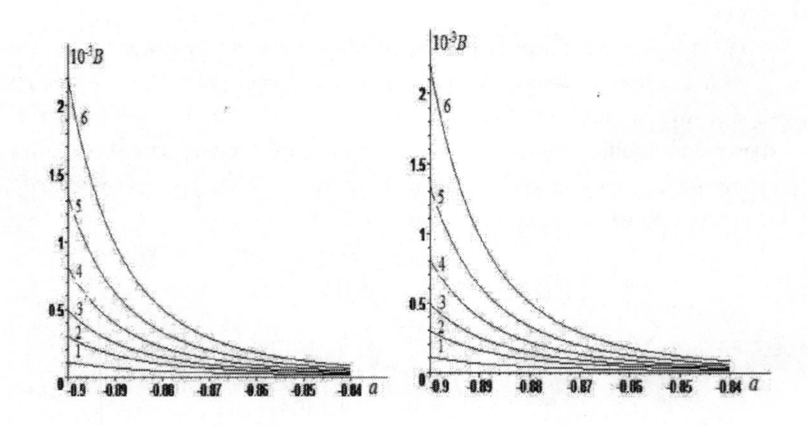

ab

Fig. 4.12. Le curve di dipendenza del parametro *in* dai dati *a a a* diversi valori di *a0*: *a)* 1 - *a0* = 0,4 , 2 - *a0* = 0,45 , h - *a0* = 0,5 0, 4 - a0 = 0,55 , 5 - *a0* = 0,6 ; b) 1 - *a0* = 0,7 , 2 - *a0* = 0,80 , 3 - *a0* = 0,85 . 4 - *a0* = 0,90 , 5 - *a0* = 0,95 , 6 - *a0* = 1,0 ;

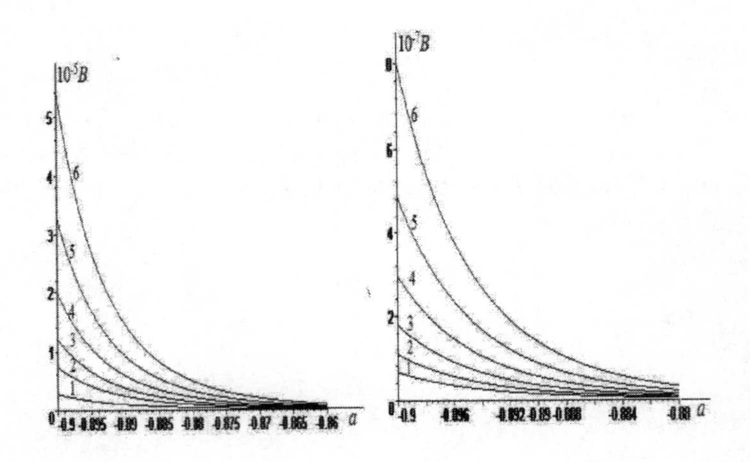

ab

Fig. 4.13. Curve di dipendenza del parametro *c* dai dati *a a a* diversi valori di *ai*:
a) 1 - *a** = 1.25 , 2 - *a* = 1,35 , 3 -
a = 1,40 , 4 - *a* = *1*,45 , 5 - *a* = 1,50 , 6 - *a* = 1. 55;
b) 1 - *ai* = 1,80 , 2 - *ai* = 1,85 , 3 -
ai = 1,90 . 4 - *ai* = 1,95 , 5 - *ai* = 2,00 , 6 - *ai* = 2,05 , 6
- ai = 2,05 ;

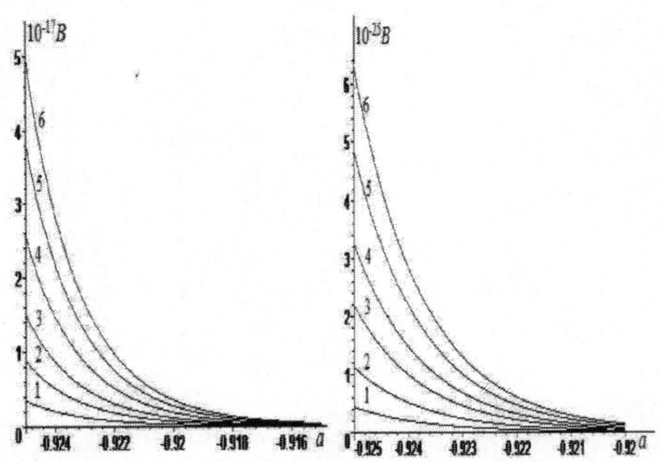

Fig. 4.14. Curve di dipendenza del parametro *c* dai dati *a a a* diversi valori di *uno* 0:
a) 1 - *a0*=3,05 , 2 - *a0*= *3,*12 , 3 - a0= 3,16 , 4 - *a0*= *3,*20, 5 - a0= 3,23 , 6 - *a0*= *3,*25 ;

б) 1 - *a0* = 4.45 , 2 - *a0* = 4.52 , 3 - *a0* = 4.57 . 4 -= 4.60 , 5 -= 4.63 , 6 -= 4.65 ;

4.2.2. Determinazione sperimentale dei parametri di durata

Per lo studio sono stati selezionati tre tipi di filato: cotone 31 tex x 2, mezza lana 31 tex x 2, filato in fibra PAN 31 tex x 2 [121]. I test sono stati condotti su UJS - 100 con il metodo descritto in [119]. L'apparecchio UJS - STE STEme (Germania) è il più recente dispositivo automatico, dotato di un microprocessore e di un moderno computer, che permette di effettuare prove di tutti i tipi dei più svariati materiali con la conclusione dei risultati sullo schermo di un display o su una stampante. Sono determinate le sezioni trasversali medie dei tipi di filato specificati, così come altre caratteristiche necessarie per le prove, che sono riassunte nella tabella 4.4, la dipendenza tra carico di rottura e allungamento a */=500* mm, Ro=0,05 N è data in fig. 4.15.

Tabella 4.4.

№	Dati di ingresso	Numero del campione		
		I x/w 31 x 2	II n/d 31 x 2	III PAN 31 x 2
1.	Area trasversale, mm2	0,0408	0,0452	0,0498
2.	Carico massimo di rottura, N	7,9	6,8	9,1
3.	Allungamento massimo, %.	6,5	20	24
4.	Precarico, N	0,05	0,05	0,05
5.	Lunghezza di serraggio, mm	500	500	500

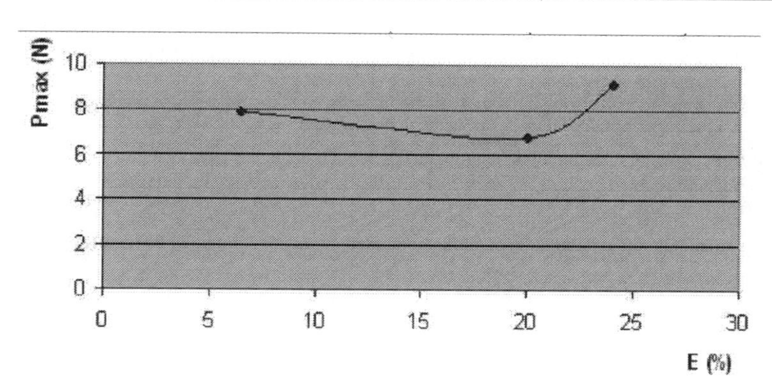

Fig. 4.15. Relazione tra carico di rottura e allungamento a/=500 mm, Ro=o,05 N per diversi tipi di materie prime

Durante le prove, la velocità di carico è stata variata a cinque livelli per ogni provino e ha avuto valori di 10,20,30,40,40,50 N/mm2 -s. Ad ogni livello sono stati eseguiti 20 test ripetuti. L'errore relativo della media è stato determinato dalla formula [121]:

$$E\{U\} = \frac{e\{p0\}\cdot S\wedge\}}{Y - yj\ m} \cdot 100\ \% \qquad (4\text{-}21)$$

dove $S\{U\}$ è la deviazione standard della variabile casuale Y;

e {c} è il quantile (ascissa) della normale distribuzione della variabile casuale *Y*, determinata con probabilità di confidenza PD = 0,954,

$$e\{p\wedge = 0{,}954\} = 2$$

^{Y}è il valore medio del valore Y;

m è la dimensione del campione (m=20).

Durante le prove, la velocità di carico è stata variata a cinque livelli per ogni provino e ha avuto valori di 10,20,30,40,40,50 N/mm2 -s. Ad ogni livello sono stati eseguiti 20 test ripetuti. L'errore relativo della media è stato determinato dalla formula [121]:

$$E\{U\} = \frac{i\{rob\$\_N\mathrm{e}\}}{Y - y/\ m}\ \mathrm{loo}\ \%(4.21)$$

dove $S\{U\}$ è la deviazione standard della variabile casuale Y;

e p } è il quantile (ascissa) della distribuzione normale della variabile casuale *Y*, determinata a livello di confidenza PD = 0,954,

$$e\{p\wedge = 0{,}954\} = 2$$

^{Y}è il valore medio del valore Y;

m è la dimensione del campione (m=20).

condizioni specifiche la funzione Laplace per determinare $e\{Y\}$ - •

I calcoli per formula (4.21) per tutti i campioni a tutti i livelli di carico hanno mostrato che l'errore relativo nella determinazione della durata del campione varia entro il 3:5 %, che a volume del campione m = 20 (ad ogni livello) indica una buona riproducibilità degli esperimenti e un'elevata precisione dei risultati ottenuti.

Secondo i dati sperimentali con il metodo della minimizzazione della deviazione al quadrato i coefficienti dell'equazione di regressione (4.19) sono stati calcolati con le formule $_{nnn}$

$$E^{ao-}E_{ti} \quad \underline{_{i=1}} \qquad {}^{nn}_{\cdot 0=}(E_{\% i-a}E_{tvn}$$

$$n \, E_{i=1}'?$$

Parametri della funzione di durata sono stati calcolati utilizzando le formule

Questo metodo di determinazione dell'errore relativo della media è valido nel nostro caso, poiché è stato notato sopra che per il filato la legge di distribuzione di Weibull e la legge di distribuzione normale sono vicine. Pertanto, è possibile utilizzare con un piccolo errore in
(4.20).

I valori medi della durata di vita del provino a diverse velocità di carico sono presentati nella tabella 4.5. I coefficienti dell'equazione di regressione e i corrispondenti valori dei parametri di durata calcolati al computer sono presentati nella tabella 4.6. La variazione della durata del provino a diverse velocità di carico (secondo la tabella 4.5) è presentata in fig. 4.16-4.18.

Tabella 4.5.

Velocità di carico *st0.*, MPa/sec		Numero del campione					
		I		II		III	
$^{a}0\,i$	$^{a}0\,i = {}^{\ln a}0\,i$	$t\,p$	t= In t	t^{p}	t= In t	t^{p}	t= In t
10	2.30258	14,01	2,63977	8,80	2,174175	13,0	2,56495
20	2.99573	7,65	2,03470	3,89	1,35841	6,36	1,85003
30	3.40119	5,07	1,6233	2,40	0,87547	4,43	1,48340
40	3.68887	3,81	1,33763	2,70	0,99325	3,74	1,31908
50	3.91202	3,15	1,14740	2,10	0,74194	2,71	0,99695

Numero del campione	*a*	$^{a}0$	*B*	*b*
I (cotone)	-0.93765	4.81130	2.11187.1032	15,0396
II (n/d)	-0.87173	4.07068	7,78059.^{1012}	6,79629
III (PAN)	-0.940513	4.71003	1,44488.1032	15,81050

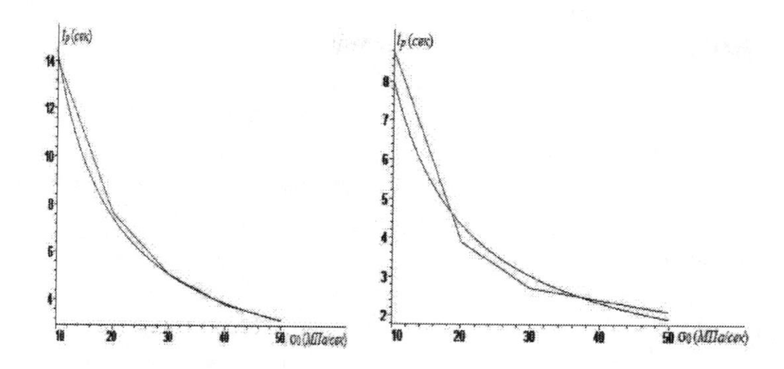

Fig. 4.16. Durata di vita dei provini a diverse velocità di carico (secondo la tabella 3): B-1

Fig. 4.17. Durata di vita dei provini a diverse velocità di carico (secondo la tabella 3): B-2

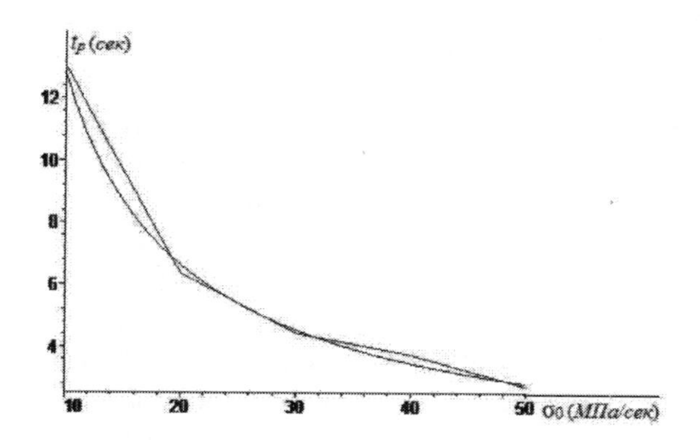

Fig. 4.18. Durata di vita degli esemplari a diverse velocità di carico (da Tabella 3): B-3

4.2.3. Calcolo della funzione di danneggiamento per i filati di diverse specie durante la formazione dell' anello di peluche

Nella sezione 4.2.1 di questo documento, si è notato che la determinazione analitica del valore della funzione di danno in una forma sufficientemente semplice per i calcoli è possibile con una certa semplificazione della legge di carico con un metodo di approssimazione lineare con la divisione della curva di carico in due sezioni. Tuttavia, come si può vedere dalla Fig. 4.6, questo metodo di determinazione dà solo un valore approssimativo *di rn(t),* e un valore più preciso può essere ottenuto dividendo la curva di carico in un numero molto maggiore di sezioni. In questo caso, l'espressione analitica diventa incommensurabilmente più complessa e praticamente inaccettabile per i calcoli.

La via d'uscita da questa situazione è l'implementazione di metodi di integrazione numerica sul computer.

Il complesso software permette di rappresentare sullo schermo un grafico arbitrario che riflette la legge di caricamento in coordinate reali *o(t)* . Poiché il numero di intervalli a cui il ricercatore è interessato può essere fino a 50, la linea spezzata che si avvicina al grafico reale ottenuto, ad esempio, dall'oscilloscopio lo descrive con un grado di precisione molto elevato. L'ulteriore elaborazione si riduce alla lettura automatica delle ordinate inserite dal ricercatore ad ogni livello e all'integrazione dell'espressione ottenuta dall'espressione (4.13) con il metodo del trapezio sostituendo in esso una legge di potenza di caricamento.

$$^{1}dt$$

$$O \; \text{Ni; mg} \qquad \text{C4-22)}$$

$$0 \; V - [st^{(t})$$

Fig. 4.19. mostra il grafico della legge di caricamento del filo di peluche nel processo di looping (linea solida) e la sua linea spezzata approssimativa, che, come si può vedere dalla figura, già a 16 intervalli descrive la curva reale in modo abbastanza accurato.

Tutti i risultati dei calcoli effettuati nell'elaborazione di questo esperimento sono stati ottenuti sulla base di questo grado di approssimazione. Lo scopo principale della ricerca descritta in questa sezione è stato quello di scoprire il grado di danneggiamento del filato felpato durante la sua lavorazione nel modo di funzionamento noto della macchina per maglieria.

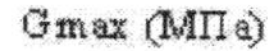

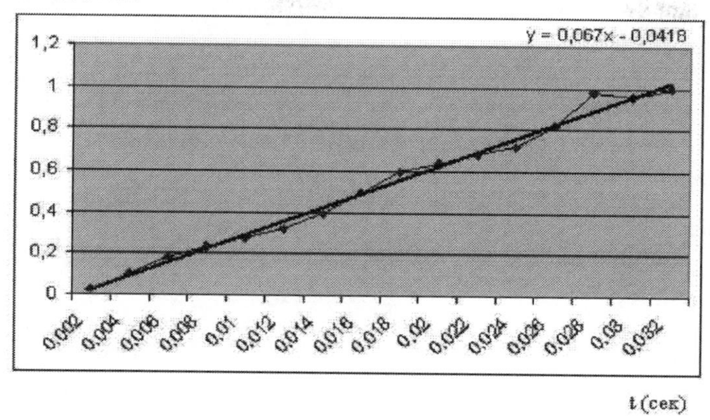

Fig. 4.19. Figura 4.19. Approssimazione lineare della legge di carico del filetto di peluche

A tal fine è stato condotto un esperimento sulla determinazione della tensione del filetto nel processo di looping, i cui risultati sono riassunti nella tabella 4.5. Sulla base dei parametri di durabilità precedentemente calcolati per ciascuno dei filetti in esame (tabella 4.4), sono stati calcolati i valori della funzione di danneggiamento per ogni valore della profondità di accoppiamento e, rispettivamente, l'angolo di circonferenza totale, impostati come livelli di fattore secondo il piano di esperimento (tabella 4.5). I risultati del calcolo sono riassunti nella tabella 4.6.

L'analisi dei risultati ottenuti mostra che i filati felpati di tutte le specie considerate hanno il valore massimo della funzione di danneggiabilità, che non differisce molto da 0.

Ciò indica che il filato felpato è praticamente intatto nelle modalità operative della macchina per maglieria selezionata.

Tabella 4.5.

Risultati della determinazione della tensione del filo durante il looping

Filato di primer n/w, 31 tex		Profondità dell'attacco filettato a peluche, mm	Lunghezza del filato nell'anello di peluche, mm	Angolo di copertura totale		Tensione del filo di peluche, N
Filetto in peluche						
Tipo di materia prima	Densità lineare, tex			Grad.	Radian.	
PAN	31x2	8,5	17,52	980	17,09	5,4
		8,0	16,64	972	16,95	5,0
		7,5	15,56	965	16,83	4,2
		7,0	14,48	921	16,06	3,8
		6,5	13,6	893	15,57	3,0
p/sh	31x2	8,5	17,52	980	17,09	5,2
		8,0	16,64	972	16,95	4,8
		7,5	15,56	965	16,83	3,2
		7,0	14,48	921	16,06	2,7
		6,5	13,6	893	15,57	2,1
cotone	31x2	8,5	17,52	980	17,09	5,2
		8,0	16,64	972	16,95	4,9
		7,5	15,56	965	16,83	4,0
		7,0	14,48	921	16,06	2,6
		6,5	13,6	893	15,57	2,2

Pertanto, esiste una riserva significativa per l'aumento della tensione del filato nel processo di looping, che può essere utilizzata aumentando la lunghezza dell'ansa del peluche o aumentando la velocità di lavoro a maglia, cioè la produttività. Studi teorici e sperimentali dimostrano che i campioni si comportano bene se trattati con valore *rn(t)* fino a 0,06, e non si notano deviazioni dalla norma nel prodotto finito.

Tempo di caricamento del filo

Tempo di caricamento per tutte le varianti-0,032 sec.											
Filettatura del primer		Copertura totale di carbonio del filamento di peluche 9800		Angolo totale di copertura del filamento di peluche 9720 (16,95		Angolo totale di copertura del filamento di peluche 9650 (16,95		Angolo totale di copertura del filetto di peluche 9210 (16,95 rad)		Angolo totale di copertura del filamento di peluche 7930 (16,95	
Filetto in peluche		Tensione del - filetto di peluche N/mm2	Funzione di danneggiamento	Tensione del - filetto di peluche N/mm2	Funzione di danneggiamento	Tensione del - filetto di - peluche - N/mm2	Funzione di danneggiamento	Tensione del - filetto di peluche N/mm2	Funzione di danneggiamento	Tensione del - filetto di - peluche - N/mm2	Funzione di danneggiamento
Tipo di materia prima e sezione trasversale	- Densità lineare in tex										
PAN 8=0,0498 mm2	31 x2	106,40	2,31*10-4	98,50	5,31*10-5	82,00	4,2*10-6	74,85	1,10*10-6	58,44	0,00
P/E S=0,0452 mm2	31 x2	112,13	6,03*10-2	103,45	3,4*10-2	69,45	2,24*10-3	57,88	6,89*10-4	45,57	1,3*10-4
B/N S=0,0408 mm2	31 x2	125,03	6,05*10-4	117,01	2,0*10-4	96,18	1,0*10-5	62,51	0,00	53,62	0,00

Ciò solleva la questione di prevedere la capacità di lavorazione del filato in condizioni più severe: aumento della velocità di lavorazione a maglia, aumento della lunghezza del filato nell'ansa, ecc. Pertanto, è interessante interpolare i risultati di calcolo confermati sperimentalmente nell'area dei valori più grandi di tensioni e deformazioni del filato.

I calcoli mostrano (fig.4.20), che se prendiamo *rn(t)^0,06* come criterio di valutazione, allora al carattere considerato della legge di carico (fig.4.19), è possibile aumentare lo stress del filato di poliacrilonitrile a 150 N/mm2, e del filato di cotone a 170 N/mm2, che al passaggio a valori di натяжения составит соответственно 7,47H и 6,94H.

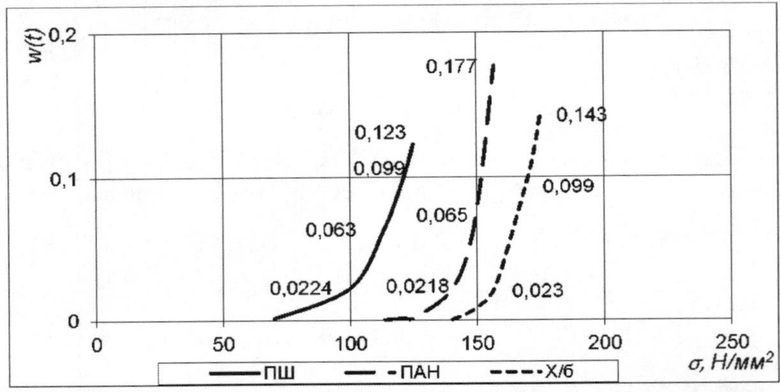

Fig.4.20. Variazione della funzione di danneggiamento di filati di diverso tipo secondo una data legge di carico

La tensione del filato raggiunge questo valore con una lunghezza dell'occhiello di 21 mm per il filato PAN e 19,5 mm per il filato di cotone, come si può vedere dai grafici in Fig. 4.21, che mostra la variazione della tensione del filo rispetto alla lunghezza del filo nell'ansa. Questa dipendenza si ottiene dai risultati, esperimento (Tabelle 4.5,4.6), ha un carattere semplice e la sua adeguatezza è stata dimostrata dal metodo, descritto in [122, 123]. Per quanto riguarda il filato a metà lana, per il valore scelto *rn(t)* = 0,6, la lunghezza nell'ansa è al limite della possibilità di filato ed è pericoloso aumentarla.

Riassumendo i risultati del lavoro descritto in questa sezione, si possono trarre le seguenti conclusioni principali:

- Un significativo aumento del carico di rottura del filato è stato provato sperimentalmente con una riduzione della lunghezza della sezione della forza di trazione (lunghezza di serraggio);
- Si calcola la lunghezza massima possibile dell'anello di peluche che si può ottenere con diversi filati.

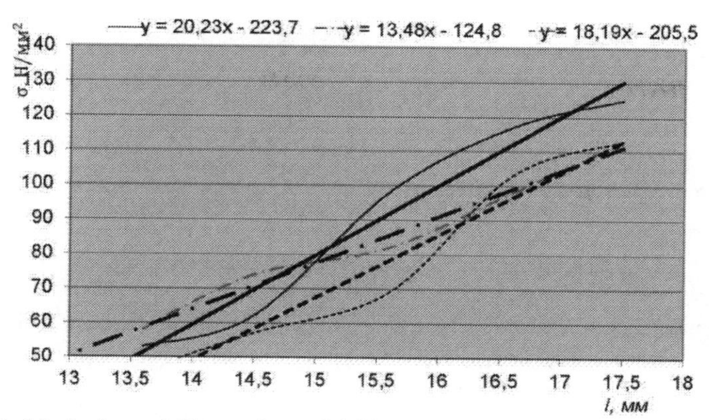

Fig. 4.21. Variazione della tensione del filo in funzione della lunghezza del filo nell'ansa

Questi risultati sono di grande importanza pratica perché ci permettono di spiegare il comportamento del filato durante la formazione dell'anello di peluche.

Infatti, un aumento significativo della tensione, il filato con l'aumento della lunghezza dell'ansa a valori prossimi al suo carico medio di rottura, non porta alla distruzione del filo. Questo fatto si spiega solo con le circostanze di cui sopra. Da un lato, la sezione del filato su cui si sviluppano le sollecitazioni è molto più piccola di quella su cui vengono fornite le prove standard (cfr. 15-20 mm e 500 mm). E la piccola sezione di filato, resiste alla tensione molto meglio di quella grande. D'altra parte, la legge di carico del filo durante la formazione del cappio e le proprietà dei fili sono tali che a determinate velocità la funzione di danneggiamento, che determina il danno accumulato nel filo quando viene caricato, è molto inferiore all'unità $(w(t) < 1)$.

Ciò suggerisce che la rottura del filato è improbabile in questa modalità di funzionamento e che è possibile aumentare la lunghezza dell'anello di peluche per i filati di cotone e PAN senza il rischio di peggiorare le condizioni di formazione dell'anello, il che migliorerà l'aspetto dei prodotti.

CAPITOLO V. SVILUPPO DELLA TECNOLOGIA DI PRODUZIONE DI MAGLIERIA DI FELPA DI TRAMA

Una maglia a trama è una maglia che contiene filati aggiuntivi nel terreno che non sono in loop; questi filati aggiuntivi sono lavorati a maglia tra i telai o tra i telai e le estensioni per asole [7]. Nelle maglie a trama intrecciata, alcuni sistemi di filato sono agugliati per formare anelli di terra, mentre altri sono legati al suolo senza agugliare. Le trame possono essere prodotte sulla base di trame principali, trame derivate, trame di modelli e trame combinate. A seconda del tipo di maglieria a maglia a trama a terra si suddivide in singola e doppia, a manica e a maglia base.

Fig. La Fig. 5.1 mostra la struttura di una maglia a trama felpata, lavorata sulla base della stiratura. In questa maglia, il filato 1 forma i passanti per la stiratura e il filato 2 viene steso come un filo di trama.

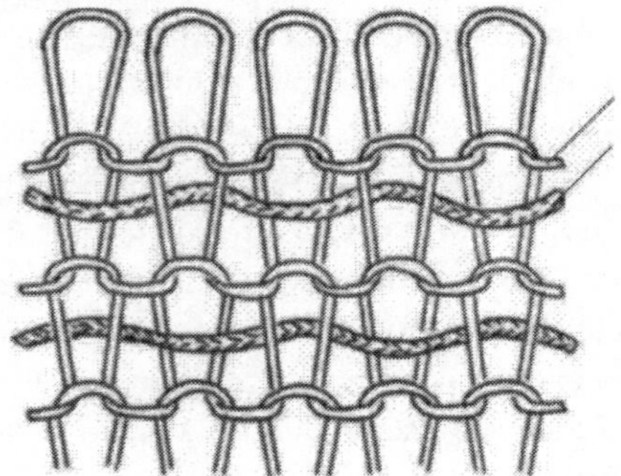

Fig. 5.1. Struttura della maglieria in tessuto felpato

Dopo la rimozione di un tale tessuto a maglia dalla macchina, i fili di trama si piegano dal lato anteriore del tessuto verso il retro, e i fili di trama che sporgono sulla superficie del tessuto formano elementi in pile. Come si può vedere in Fig. 5.1, la trama 2 è disposta nel terreno del tessuto a maglia sul davanti e sul lato sbagliato attraverso un'ansa. Se una maglia viene prodotta con la trama sul davanti e sul lato sbagliato

Se il numero di passanti da un lato è maggiore rispetto all'altro, è possibile produrre una maglia felpata con un cordoncino allungato su entrambi i lati del tessuto. Per la produzione di maglieria felpata si consiglia di utilizzare filati spessi e voluminosi come filati di riempimento e filati ad alto restringimento come filati macinati.

Secondo la classificazione proposta [8], a seconda della posizione delle brocce allungate sul tessuto, esistono metodi per produrre trama a maglia con la posizione delle brocce allungate su un lato del tessuto [124.125] e con la posizione delle brocce su entrambi i lati del tessuto [126-129]. Ognuno di questi tipi di nastri può essere prodotto su macchine a uno o due nastri. A seconda dell'uso di elementi aggiuntivi per la formazione di brocce allungate sul tessuto, esistono diversi metodi per produrre trame a maglia con l'uso di elementi aggiuntivi e senza l'uso di tali elementi.

5.1. Sviluppo di un metodo di trama altamente efficiente di maglieria a base di ferro

Per semplificare il metodo di tessitura della maglieria felpata sulla base della lappatura e per aumentare la produttività della macchina ha progettato un nuovo modo di ottenere questo tipo di maglieria sulla macchina a doppia frontura [130].

Secondo il metodo proposto, la maglieria viene prodotta sulla macchina circolare come segue. Nel sistema I su aghi 1 e 2 nel filo inferiore del cilindro viene posato un filo a e da esso viene cucita una fila di ferro da stiro (Fig.5.2).

Nel sistema II, gli aghi vengono fatti passare dal cilindro inferiore a quello superiore attraverso uno di essi (può esserci un'altra combinazione), e in questo sistema non viene fatto passare alcun filo attraverso gli aghi. Le lingue sono spezzate nella parte inferiore della testa di questi aghi per evitare la perdita delle anse. Nel sistema II, il filo di trama b viene poi infilato tra gli anelli dell'ago del cilindro inferiore e superiore.

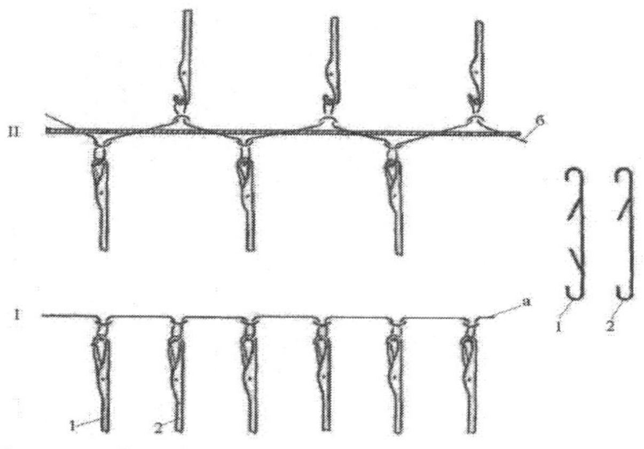

Fig. 5.2. Processo di tessitura a maglia felpata sulla base della stiratura

Nel sistema III (non contrassegnato in figura), gli aghi del cilindro superiore vengono ritrasferiti al cilindro inferiore, e in questo sistema, come nel sistema I, gli aghi del cilindro inferiore sono lavorati a maglia con una fila di aghi.

Una fila di tessuto a maglia è formata da due sistemi ad anello. La struttura del tessuto a maglia risultante è la stessa della Fig. 5.1.

Il metodo proposto non richiede modifiche sostanziali nella costruzione della macchina, per la sua implementazione sulla macchina circolare quanto basta per installare un guidafilo aggiuntivo per la posa del filo di trama e rompere le linguette su una testa di alcuni aghi secondo il rapporto del filo di trama.

In questo caso, grazie alla semplicità del metodo proposto la produttività della macchina non è praticamente ridotta, si ampliano le possibilità tecnologiche della macchina circolare grazie alla produzione di tessuti a maglia di trama.

Il metodo proposto permette di ottenere una trama a maglia con buone proprietà fisiche e meccaniche, la presenza del filo di trama nella struttura del tessuto a maglia permette di ottenere un tessuto a maglia con elevata stabilità di forma.

La maglieria che ne risulta può essere utilizzata con successo per l'abbigliamento esterno e la gamma di prodotti per bambini.

5.2. Metodo di intreccio della trama con anelli di terra incorporando una fila di gomma nella struttura del terreno

In un altro metodo, l'interlacciamento della trama con i loop di terreno si ottiene incorporando una fila di gomme ad anello nella struttura del terreno [131.132]. A questo scopo, nel primo sistema anche gli aghi del cilindro superiore e gli aghi dispari del cilindro inferiore della macchina circolare sono legati con una fila di gomme da cancellare dal filo smerigliato (Fig.5.3).

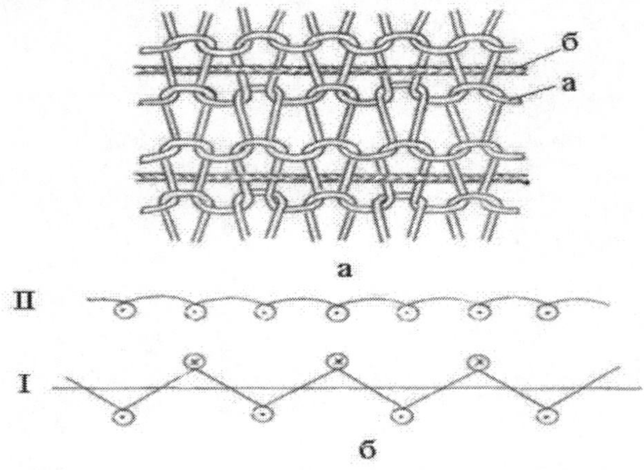

Fig. 5.3. Metodo di intreccio della trama con anelli di terra a causa dell'inserimento di una fila di trama nella struttura del tessuto a maglia

In questo sistema, un finto filetto b viene infilato tra le anse formate dagli aghi del cilindro inferiore e superiore con un guidafilo aggiuntivo.

Nel secondo sistema, gli aghi dispari trasferiti dal cilindro superiore al cilindro inferiore e gli aghi del cilindro inferiore lavorano a maglia file di filo rettificato a. Il tessuto a maglia risultante ha una maggiore stabilità di forma, in quanto la presenza nella sua struttura di filo di trama riduce l'estensibilità del tessuto a maglia su tutta la larghezza, e l'inserimento di file di gomma nella struttura del terreno aumenta la stabilità di forma del tessuto.

Il tessuto di questa versione si basa su una trama combinata, in cui file di gomme da cancellare ad occhiello si alternano a file di tinta unita ad occhiello. La trama b è posizionata tra gli anelli di gomma.

Il metodo è facile da implementare e non richiede modifiche sostanziali al design della macchina.

Sono noti i metodi di produzione della trama a maglia felpata sulla base della doppia trama senza l'uso di elementi aggiuntivi. Nel lavoro [133] si propone di lavorare la maglieria felpata di intreccio di trama su una macchina per maglieria circolare a doppia frontura, mediante l'interlacciamento con l'esposizione dell'ago e la stesura di filo di trama a basso restringimento, ad esempio il poliacrilonitrile, che dopo aver finito il rilievo si appoggia sulla maglieria nei punti di esposizione dell'ago come anelli di felpa allungati. In questo caso non viene inserito un filato d'apporto in ogni fila di punti, ma, ad esempio, dopo quattro file nella quinta fila. Tuttavia, questo metodo produce una maglia felpata con un filo di trama di scarsa qualità e con un cattivo ancoraggio al suolo nell'inserzione della trama. Non vi è inoltre alcuna possibilità di regolare la lunghezza delle brocce allungate nel tessuto a maglia. Per questi motivi, il metodo non è molto utilizzato.

5.3. Tecnologia di produzione di tessuti a maglia felpati di trama di riempimento con coulisse allungata

Nella maglieria, le trame possono essere utilizzate come legature, matasse, disegni, frange e filati per fodere. Trame a maglia 160 L'uso di questi filati nei libri di testo sulla tecnica della maglieria e in altre pubblicazioni tecniche è descritto in dettaglio. Tuttavia, è stata data pochissima attenzione alla maglieria in cui le trame sono utilizzate per creare una superficie di peluche sul tessuto.

Una maglia a trama felpata viene prodotta su una macchina per maglieria circolare convenzionale. Gli aghi sono disposti come nella lavorazione a maglia della gomma 2 + 1, cioè ogni secondo ago del disco viene spento dal lavoro [134].il filo di trama 1 è alimentato da un getto d'aria, proveniente dall'ugello *2,* tra le colonne dell'asola, lavorato a maglia nel cilindro e nel disco (Fig. 5.4), e forma delle brocce allungate in quella zona, dove le asole sono assenti nel tessuto a maglia, cioè gli aghi del disco, che formano queste asole, sono spenti dal lavoro.

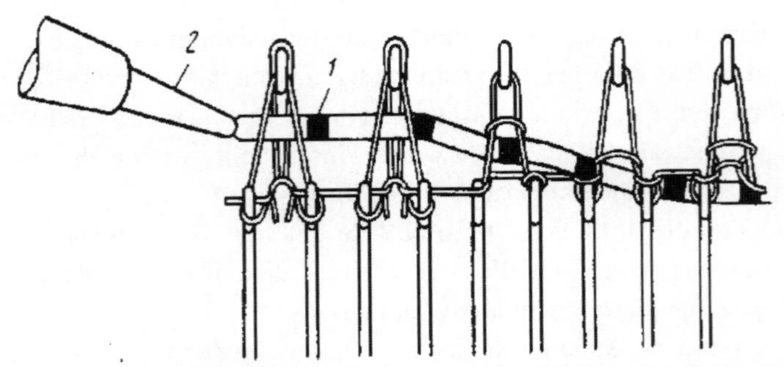

Fig. 5.4. Schema di produzione di tessuti a maglia felpati sulla base della gomma

A questo scopo, i fori dell'ugello sono posizionati al centro tra due serie di aghi, in modo che il filo di riempimento venga soffiato nel foro a V dal getto d'aria. Passando attraverso il foro, il filo di trama forma un filo di riempimento allungato che disegna sul lato della maglia dove i punti dell'asola sono legati dagli aghi del disco. La velocità di consegna del filo di trama è superiore alla velocità lineare del cilindro dell'ago della macchina.

La distanza tra gli aghi è importante per questa maglieria su una macchina estensibile, in quanto deve garantire che il filo di trama venga fatto passare tra i punti dell'asola. Si consiglia una distanza da 3,5 a 4,2 mm.

La lunghezza dei treni dipende dalla velocità del cilindro dell'ago e dalla velocità di avanzamento del filo di trama. Un aumento della lunghezza delle trazioni può essere ottenuto aumentando la velocità di avanzamento del filo di trama o diminuendo la velocità del cilindro dell'ago. Tali maglieria richiedono una macchina speciale con un meccanismo di alimentazione della trama, mentre la stessa maglia può essere prodotta in modo più semplice con le macchine per trama convenzionali.

Il metodo è complicato, in quanto richiede meccanismi speciali per il trasferimento delle brocce dell'anello, l'operazione di trasferimento delle brocce riduce la produttività delle macchine per maglieria. Il tessuto a maglia che ne risulta non ha brocce allungate sulla superficie del tessuto, quindi il tessuto a maglia non ha elevate proprietà termiche.

Al fine di semplificare la lavorazione a maglia della maglieria di peluche di intreccio di trama sulla base di un feltro incompleto abbiamo suggerito un nuovo metodo di produzione di questo tipo di maglieria su macchine a doppia frontura con l'utilizzo di elementi aggiuntivi per la formazione di brocce allungate su un lato della maglieria [135-137].

Il processo di produzione di una maglia di una fuller's knit con coulisse allungata su una macchina per stiro circolare viene eseguito con quattro sistemi di avvolgimento. La maglieria proposta è prodotta sulla base di pile incomplete. Nel processo di lavorazione a maglia (fig. 5.5,b) gli aghi del cilindro 11 e dell'alzata 12 formano anelli di terra, e gli aghi del cilindro 13 svolgono un ruolo di elemento aggiuntivo, cioè piegano un filo.

La produzione di una maglia a trama felpata è la seguente. Nel primo sistema, gli aghi ripshayb 12 lavorano a maglia ad anelli chiusi, e ogni altro ago del cilindro 11 forma uno schizzo. Per fare questo, gli aghi vengono sollevati fino a una conclusione incompleta, il filo di terra viene posato su di essi e il vecchio anello non viene fatto cadere.

Nel secondo sistema, tra gli anelli degli aghi del cilindro e la piastra di ondulazione, viene posato il filo di trama Un. Elementi aggiuntivi 13 (aghi cilindrici) vengono sollevati in questo sistema per concludere in modo incompleto il filo di trama Un. Quando questi aghi vengono sollevati a conclusione incompleta, le loro lingue devono essere aperte per catturare il filo di trama. Le linguette della macchina si aprono con gli apriscatole.

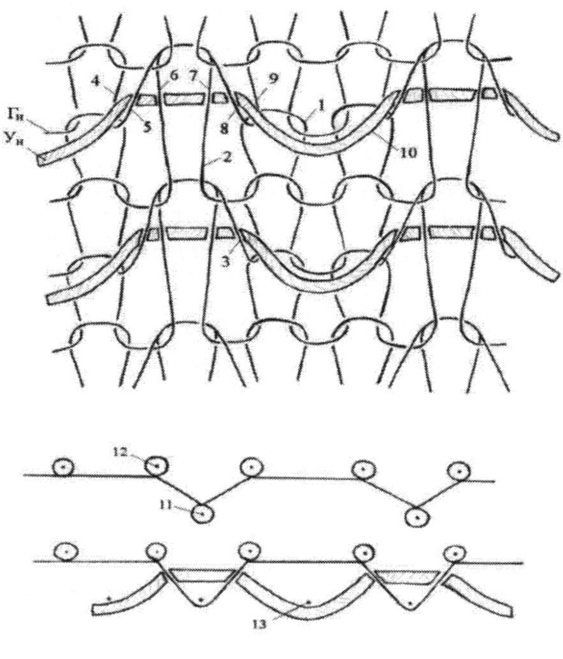

б

Fig. 5.5. Struttura e registrazione grafica della maglieria di peluche con coulisse allungata

Dopo aver raccolto il filo di trama, gli elementi aggiuntivi 13 vengono abbassati in sequenza sotto l'azione del cuneo del mangano e producono una piegatura del filo di trama. Così, in questo sistema nel lavoro sono stati coinvolti solo gli elementi aggiuntivi 13, su cui viene posato il filo di trama. Nel terzo sistema gli aghi del cilindro 11 e rippershayba 12 sono lavorati a maglia dal filato astic 1 +2. Ulteriori elementi di questo sistema non sono coinvolti nel lavoro, essi contengono spille allungate 10.

Il quarto sistema scarica le brocce allungate dagli elementi aggiuntivi alzandole fino alla loro completa conclusione e abbassandole, in questo sistema il filo viene infilato sugli aghi. Le brocce allungate scartate vengono guidate tra gli aghi con l'aiuto di spazzole.

La trama della maglieria in felpa con trama a maglie allungate (Fig. 5.5, a) contiene una lunghezza regolare delle asole 1, occhielli anteriori allungati 2, punti stirati 3, formati dal filato smerigliato Hn. Specificando i filati Un sono orientati lungo file di terra ad anello e in questa zona, dove non ci sono colonne ad anello dritto, si formano delle brocce allungate plushy 10. Il filo di peluche è posizionato tra le colonne degli asole e tra le anse e i contorni, fissando così saldamente le sezioni del filo di terra 4-5-6 e 7-8-9. La spilla di peluche 10 sul tessuto può essere posizionata attraverso l'ago, attraverso due aghi, a seconda del modello rasport (Fig. 5.5).

A causa del fatto che il filato di trama è piegato da aghi, che non partecipano al processo di formazione di anse di terra, e la trama di felpa a maglia con coulisse allungata è prodotta sulla base di trama pressata, dove il filato di trama è posto tra le asole e le anse e i contorni supplementari, il filato di trama

viene fissato in corrispondenza del passaggio del telaio al contorno dell'occhiello, ottenendo una maglia di trama felpata con coulisse allungata, dove il filato felpato è saldamente ancorato al suolo.

Pertanto, la condizione necessaria per la produzione di maglieria in trama con coulisse allungata consiste nel fatto che dopo aver posato il filo di trama tra gli anelli degli aghi dei cilindri inferiori e superiori e gli elementi aggiuntivi è necessario fissarlo nella struttura del terreno legando la fila di coulisse successiva e quindi effettuare lo scarico (C) delle coulisse allungate.

L'implementazione di una goccia di brocce allungate immediatamente nel sistema successivo dopo l'infilatura della trama, che fa sì che il filo di trama entri nella zona di lavoro a maglia e venga legato in alcune sezioni con il filo di terra quando si lavora a maglia la fila successiva del filo di terra.

Grazie al fatto che i filati di trama e di terra sono rivestiti in sistemi diversi, è possibile regolare la lunghezza delle brocce allungate cambiando la posizione del cuneo di accoppiamento nelle serrature ad anello del cilindro nel secondo sistema. Inoltre, la lunghezza delle brocce allungate può essere modificata producendo una diteggiatura incompleta dei rapporti di grandi dimensioni e modificando il numero di elementi aggiuntivi coinvolti nella trama.

Così, il nuovo metodo proposto per la produzione di maglieria con brocce allungate permette di regolare la lunghezza delle brocce e garantisce un fissaggio stabile del filo di trama. Il tessuto a maglia che ne risulta ha buone proprietà fisiche e meccaniche e un bell'aspetto. Il tessuto a maglia proposto può essere utilizzato per la produzione di assortimento per bambini e maglieria esterna.

Nel tessuto a maglia che ne risulta, le brocce di orsacchiotto allungate si formano sempre sugli stessi aghi, dando luogo a strisce longitudinali di brocce di orsacchiotto sulla superficie del tessuto.

Per migliorare la qualità dei tessuti a maglia felpata grazie alla disposizione uniforme delle brocce di peluche allungate sulla superficie del tessuto e per ridurre il consumo di materie prime per la sua produzione, la struttura e il metodo di produzione dei tessuti a maglia felpata, dove le brocce allungate si trovano sulla superficie dei tessuti in ordine sfalsato e il numero di brocce allungate su una fila ad anello è ridotto della metà [138].

Fig. 5.6 mostra la struttura e la registrazione grafica della maglieria di peluche con disposizione sfalsata delle spille di peluche.

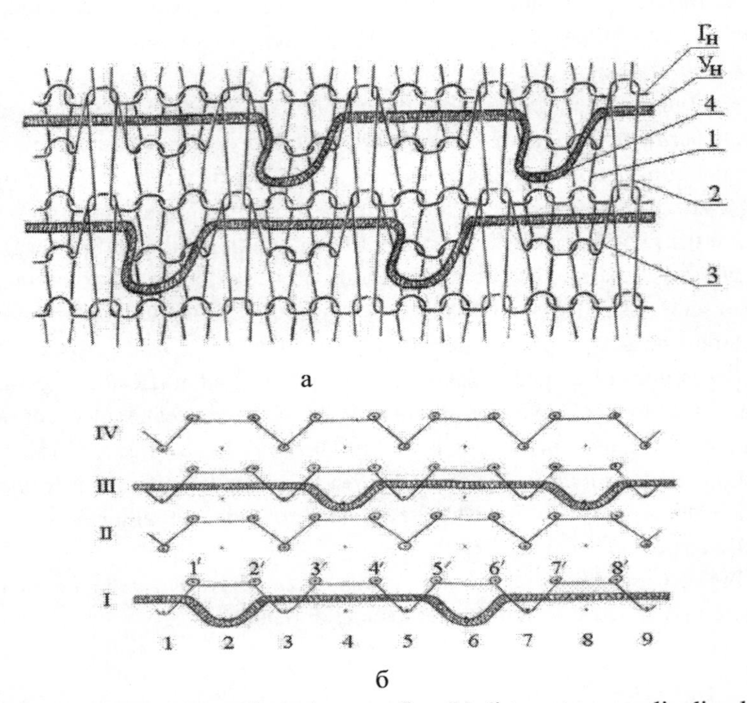

Fig. 5.6. Struttura (a) e registrazione grafica (b) di tessuto a maglia di peluche con disposizione sfalsata delle brocce di peluche sul tessuto

La maglia felpata tratteggiata (Fig. 5.6,a) contiene anelli di punti smerigliati 1, 2 e punti stirati 3, formati da filato Hn. I filati specifici Un sono orientati lungo file di terreno ad anello e in questa zona, dove non ci sono colonne ad anello a faccia, sono formati da brocce di peluche allungate 4. I filati Un sono saldamente ancorati al terreno di maglia, poiché sono posizionati tra le colonne di asole e tra le asole e gli scarti. Gli estraibili in peluche 4 sono sfalsati sulla superficie del tessuto.

L'intreccio rasport è composto da quattro file di punti. Quando si tesse la maglieria felpata su una macchina per maglieria circolare, gli aghi del cilindro 3, 5, 7 ecc. e gli aghi a ondulazione 1', 2', 3', ecc. formano gli anelli di terra, e gli aghi del cilindro 2, 4, 6 ecc. vengono utilizzati come elementi aggiuntivi.

Gli elementi aggiuntivi, lavorando uno dopo l'altro, formano delle spille allungate. Ad esempio, se nella prima fila lavorano elementi aggiuntivi 2,6 ecc. nella prima fila, nella terza fila lavorano elementi aggiuntivi 4,8 ecc. (Fig. 5.6,b).

Il principio per la produzione di un tessuto a maglia felpata è lo stesso del metodo precedente.

Una disposizione uniforme dei cordoncini di peluche sulla superficie del tessuto può essere ottenuta anche producendo una maglia di peluche in trama sulla base di un tessuto pressato con un numero variabile di strisce di pressatura nell'anello.

La maglieria a trama pressata contiene due tipi di elementi ad occhiello: occhielli e bozzetti.

I loop che hanno più loop sono chiamati
anelli pressati. Le cerniere a pressione sono caratterizzate dall' indice K, che
mostra quanti schizzi ha l'asola premuta. Nella maglieria proposta, gli occhielli premuti sono indice 2, cioè K = 2.

La struttura e la registrazione grafica della maglieria di peluche elaborata sulla base dell'armatura pressata con l'indice 2 è mostrata nella Fig. 5.7.

Una maglia di peluche di pasta (Fig. 5.7,a) contiene anelli macinati 4, 5, 6, 7, 7, 8, 9 di varie dimensioni e schizzi 12, 13, formati da filato 1 e brocce di peluche allungate 10, 11, formate da filato di trama 2,3.

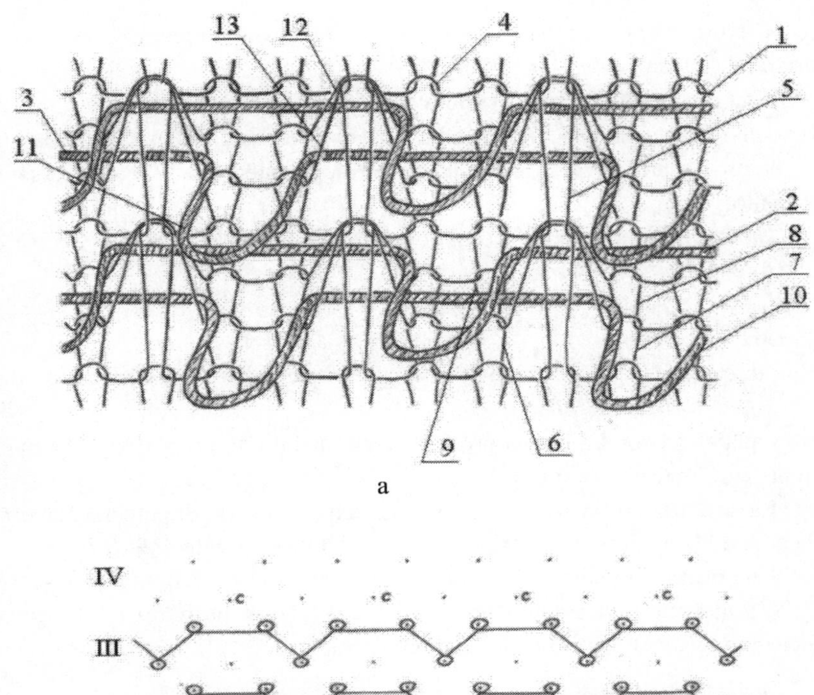

б

Fig. 5.7. Struttura (a) e registrazione grafica (b) della tessitura di maglieria felpata basata su tessitura pressata con indice K=2

L'anello 5 è allungato in altezza a seguito dello strappo del filo da i loop di fila adiacenti. L'altezza di questi anelli

$$Vn < (K+1)*B,$$

dove K è l'indice del ciclo di pressatura;

B - altezza dell'asola della trama di base.

I loop 6, 7 collegati alle brocce pressate sono invertiti, Le asole pressate sono ridotte in altezza a causa del serraggio, la cui entità aumenta con l'aumento dell'indice dell'asola pressata K. Per questo motivo, l'indice dell'asola pressata è limitato per ogni processo di lavorazione a maglia. Di solito, anche l'altezza dell'asola premuta è limitata.

I loop 8, 9 collegati al contorno, per dimensioni e forma si differenziano dai loop dell'armatura di base 4. Di solito hanno una forma più arrotondata e dimensioni maggiori rispetto ai loop 4.

I filati specifici 2, 3 sono saldamente fissati nella maglia a terra, in quanto si trovano tra le colonne dell'asola, così come tra le anse e i contorni 12, 13 (Fig. 5.7,a).

Il rasporto a trama è composto da tre file ad anello.

Su una macchina circolare, tutti gli aghi a disco e ogni altro ago a cilindro hanno vecchi anelli, e quegli aghi a cilindro che non hanno vecchi anelli sono usati come extra per formare brocce di peluche allungate.

Nella prima fila, gli aghi a disco formano anelli chiusi e ogni altro ago (1, 3, 5, ecc.) del cilindro forma dei punti di pressatura. Il filo di trama viene poi inserito tra il cilindro e gli aghi a disco in cima ai punti di pressatura. In questo sistema, ogni altro ago cilindrico (2, 6,10, ecc.) che non ha un vecchio anello viene sollevato fino a conclusione incompleta, il filo di trama viene posato su questi aghi e questi, quando vengono abbassati, tagliano i fili di trama per formare delle brocce di peluche.

Nella seconda fila, allo stesso modo, tutti gli aghi a disco formano anelli chiusi, ogni altro ago con vecchi anelli forma dei punti di pressione. Poi il filo di trama viene inserito tra il disco e gli aghi del cilindro. In questa fila, il filo di trama viene avvolto da elementi aggiuntivi 4, 8, 12, ecc. e forma dei fili di peluche allungati che vengono tirati dal filo di trama.

Nella terza fila, tutti gli aghi a disco e ogni altro ago cilindrico con vecchi anelli formano nuovi anelli chiusi. A differenza degli aghi a disco, dove il vecchio anello viene fatto cadere sul nuovo anello, gli aghi a cilindro fanno cadere l'anello pressato e i due scarti formatisi nella prima e nella seconda fila sui nuovi anelli.

Nella quarta fila non sono coinvolti quegli aghi a disco e a cilindro che hanno vecchie asole, e gli elementi aggiuntivi si sollevano e si abbassano per far cadere le brocce allungate, in questo sistema il filo non è infilato agli aghi. Le brocce allungate scartate vengono guidate tra gli aghi con l'aiuto di spazzole.

La presenza nella struttura del tessuto a maglia di brocce allungate di filo di trama aumenta le proprietà termiche del tessuto a maglia, la posizione delle brocce allungate sulla superficie del tessuto in ordine sfalsato permette di ottenere un tessuto a maglia a trama felpata con una superficie uniforme. Il tessuto a maglia ottenuto può essere utilizzato con successo per la produzione di assortimento per bambini e tessuti a maglia esterna.

5.4. Particolarità della tessitura di maglieria felpata sulla base della doppia trama

I fili di trama inseriti nel terreno della maglieria cambiano significativamente le sue proprietà, riducendo il grado di scioltezza, l'allungamento, la torsione dai bordi della maglieria di tessitura di base. La maglieria con trame orientate nel senso dell'allungamento è a basso allungamento: con trame longitudinali - in lunghezza, con trame trasversali - in larghezza, con trame longitudinali e trasversali - in lunghezza e larghezza.

Nella maglieria con solo una trama longitudinale o trasversale, o con una trama longitudinale posata sotto la broccia di diversi punti di occhiello, l'allungamento diminuisce anche con la deformazione in direzioni che non coincidono con la direzione di posa del filo di trama o dei suoi segmenti.

Ciò si spiega con il fatto che i fili di trama, riempiendo gli spazi interstiziali, causano una diminuzione dei valori limite di Atah, Bmax, s_{max} nel tessuto a maglia della trama di base durante il suo stiramento. L'entità della riduzione della resistenza alla trazione è tanto maggiore quanto maggiore è il riempimento degli spazi interstiziali con fili di trama, che ad una data densità di maglia aumenta con l'aumentare dello spessore della trama. Durante la deformazione, le forze vengono assorbite dai fili di trama, che sono più orientati nelle direzioni di trazione, mentre i fili di terra sono caricati in misura minore. Pertanto, i filati di trama falliscono prima i filati di trama e poi i filati di terra. Questo è uno svantaggio della maglieria a trama, perché la resistenza insita nel materiale dei fili di trama viene utilizzata in misura disuguale.

In caso di deformazioni complesse su valori prossimi alla rottura, ma che non distruggono il tessuto a maglia, i filati di trama cambiano la loro posizione nel tessuto a maglia rispetto al filato macinato, e questi cambiamenti sono irreversibili e non vengono recuperati durante i processi di rilassamento nel tessuto a maglia. Questo fenomeno provoca una diminuzione della stabilità della forma della maglieria in trama ed è uno dei suoi svantaggi, soprattutto per quanto riguarda la maglieria utilizzata per la produzione di capi di abbigliamento esterno.

I filati raffinati posti tra i passanti e le coulisse rendono difficile cambiare la configurazione dei filati nei passanti di terra durante i processi di rilassamento nel tessuto a maglia e riducono il restringimento del tessuto a maglia.

Secondo la classificazione della maglieria di peluche [8], la maglieria a trama può essere prodotta sulla base di trame principali, derivate, modellate e combinate. Tuttavia, la maglieria in felpa intrecciata non è stata ancora prodotta sulla base di maglieria a due strati.

Per migliorare la qualità dei tessuti a maglia aumentando il fissaggio dei fili di trama nel terreno e migliorando l'aspetto dei tessuti a maglia viene proposto il modo di produzione di tessuti a maglia a due strati di intreccio di trama [139]. La struttura e la registrazione grafica dei tessuti a maglia a doppio strato di trama è mostrata in Fig. 5.8.

La maglia (Fig. 5.8,a) è composta da punti allungati sull'ago 1, punti anteriori 2, punti di scarico 3 e cordoncini 4. Un'ulteriore trama 5 è posizionata lungo la fila di asole tra i punti dell'ago posteriore e anteriore e i punti a pressione.

Due sistemi di looping sono coinvolti nella formazione di un unico rapporto della maglieria a due strati di trama proposta su una macchina a lembi piatti.

La maglieria a due strati su macchine a lembi piatti tipo KH-323D viene prodotta come segue.

Quando il carrello si muove da sinistra a destra, il primo sistema lavora a maglia la fila di presse per questo nel sistema ad anello dell'ago anteriore, il cuneo conclusivo superiore è spento, e il cuneo conclusivo inferiore è completamente inserito (Fig. 5.8,b).

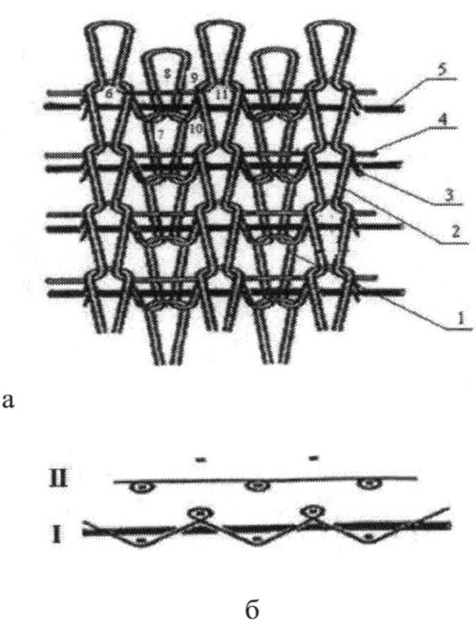

Fig. 5.8. Struttura (a) e registrazione grafica (b) della maglia a due strati

Di conseguenza, tutti gli aghi della barra dell'ago anteriore vengono sollevati a conclusione incompleta, afferrando il filo, ma le vecchie asole non vengono fatte cadere, formando punti a pressione. Gli aghi della barra posteriore dell'ago sono sollevati fino alla conclusione completa e formano anelli chiusi per questo i cunei di conclusione superiore e inferiore sono completamente innestati. Con questo sistema, un secondo guidafilo viene utilizzato per inserire un ulteriore filo dell'ago tra gli aghi sul punto annodato.

Il secondo sistema lavora a maglia una fila di occhielli sugli aghi dell'ago anteriore e i cunei di chiusura dell'ago posteriore sono spenti.

Un tessuto a maglia a due strati in cui gli strati sono uniti da schizzi a pressa è efficiente perché questo tessuto a maglia non necessita di ulteriori raccordi o modifiche al design della macchina. Di conseguenza, il tessuto a maglia a due strati risultante ha due strati differenziati in fibre, con i loop dello strato anteriore che non escono verso lo strato posteriore e i loop dello strato posteriore che non entrano verso il lato anteriore. Utilizzando filati di seta naturale come filato per uno strato e filati di cotone per un altro strato, che corrisponde allo scopo del tessuto a maglia ricevuto, è possibile produrre un tessuto a maglia a due strati di buona qualità con buone proprietà igieniche e costi di materiale minimi, senza ridurre praticamente la produttività della macchina grazie alla semplicità del tessuto a maglia suggerito, non cambiando il design della macchina a zampa planare e utilizzando semplicemente le sue capacità tecnologiche in modo più completo.

Posizionata tra i loop e i contorni, la trama aggiuntiva è saldamente collegata alle sezioni di filo di terra 6-7-8 e 9-10-11, il che aumenta i punti di contatto tra la trama e i loop di terra e i contorni pressati.

La pressione nella struttura della maglia assicura che la trama sia saldamente ancorata.

Il tessuto a maglia che ne risulta ha migliorato la stabilità di forma. Le trame aggiuntive nella struttura del tessuto a maglia riducono la larghezza del tessuto a maglia, mentre le gonne a pressare e i passanti allungati riducono la lunghezza del tessuto a maglia.

L'uso di tessuti a maglia a due strati come tessuto di base produce tessuti a maglia con buone proprietà igieniche e una superficie liscia, che migliora le proprietà e l'aspetto dei tessuti a maglia a trama.

Lo svantaggio di questo tessuto a maglia è che il tessuto a maglia risultante ha una grande massa dell'area dell'unità e una bassa superficie di riempimento a causa del gran numero di schizzi nella fila.

Questo perché nel suo contorno, tendente a raddrizzarsi, ci sono forze elastiche che spingono le colonne di asole adiacenti a distanza l'una dall'altra, con il risultato che le colonne di asole rivolte verso l'esterno non si toccano.

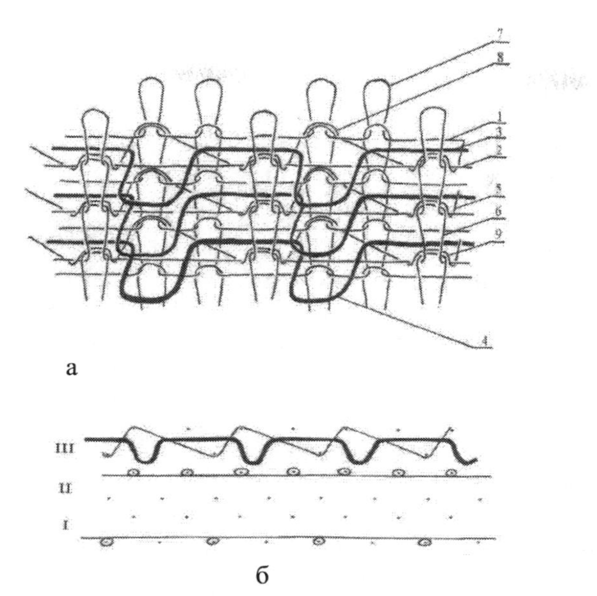

Fig. 5.9. Struttura (a) e registrazione grafica (b) della maglieria di peluche basata su un tessuto a due strati

In questo tessuto a maglia, la trama agisce come un filo di telaio, quindi questo tessuto a maglia non ha elevate proprietà di protezione termica.

Con lo scopo di aumentare le proprietà termiche dei tessuti a maglia a trama la struttura e il metodo di produzione dei tessuti a maglia a trama con brocce allungate sulla base della trama a due strati [140].

La struttura e la registrazione grafica della tessitura di maglieria felpata basata su un tessuto a due strati è mostrata in Fig. 5.9.

La maglieria di peluche a punti sviluppata sulla base della doppia trama (Fig. 5.9,a) contiene il filato 1, dal quale si dipartono file di asole di una lisciatura e il filato 2, dal quale si dipartono file di asole dell'altra lisciatura.

Il filo per anatra 3 è orientato lungo la fila di terra ad ansa e in questa zona, dove non ci sono colonne di stiratura ad ansa, ottenute dagli aghi dell'ago anteriore, si formano delle brocce di peluche 4. Per unire gli strati di maglia viene utilizzato un ulteriore filetto di collegamento ad alto restringimento 5.

I passanti 6 sul lato anteriore sono collegati ai passanti 7 sul retro della stessa fila con filettature aggiuntive che formano gli scarti 8, che si trovano tra i resti e i tiri dei passanti 7, e gli scarti 9, che si trovano tra i resti e i tiri dei passanti 6.

Il posizionamento della trama tra le colonne dell'asola degli strati di tessuto a maglia e tra i fili di riempimento assicura che la trama sia saldamente ancorata alla struttura del tessuto a maglia, aumentando i punti di contatto della trama con gli anelli a terra e i fili di riempimento dei tessuti a maglia.

Un tessuto a maglia felpata con coulisse allungata creata da un tessuto a due strati su una macchina a lamelle piatte PROTTI -242 viene prodotto come segue.

Quando il carrello si sposta da sinistra a destra, il sistema di asole lavora a maglia una fila di punti parzialmente satinati, formando dei loop su ogni altro ago della piastra anteriore dell'ago (Fig. 5.9,b). Questi aghi hanno vecchie asole. Per fare questo, i cunei di sollevamento della barra dell'ago anteriore vengono accesi a metà.

Gli aghi della barra dell'ago posteriore non sono coinvolti, quindi i cunei di chiusura superiore e inferiore della barra dell'ago posteriore sono spenti.

Quando il sistema di looping della macchina a lamelle piane si muove all'indietro, gli aghi dell'ago posteriore formano loop di una cucitura diversa, per cui i cunei di chiusura superiore e inferiore dell'ago posteriore sono completamente innestati e i cunei di chiusura dell'ago anteriore sono disinnestati.

Il filo di collegamento viene infilato sugli aghi anteriore e posteriore tra le file di cucitura. Per fare questo, gli aghi anteriore e posteriore sono sollevati in modo incompleto, il filo di collegamento è infilato su di essi, e un'ansa e il contorno del filo di collegamento sono posizionati sotto il gancio dell'ago.

Nella fila successiva, utilizzando un infila ago aggiuntivo tra gli aghi che hanno vecchi anelli dell'ago anteriore e posteriore e su ogni secondo ago che non ha vecchi anelli dell'ago anteriore, viene infilato un filo di riempimento sopra il filo di collegamento. Per fare questo, ogni altro ago dell'ago anteriore che non ha un vecchio anello viene sollevato in questo sistema da una conclusione incompleta per stendere il filo di trama su di loro. Quando questi aghi vengono sollevati fino a una conclusione incompleta, le loro lingue devono essere aperte per afferrare il filo di trama.

L'apertura delle ance della macchina avviene mediante l'apertura delle valvole.

Dopo aver raccolto il filo di trama, gli aghi della barra dell'ago anteriore che non hanno vecchie asole cadono giù per l'azione del cuneo del manicotto e piegano il filo di trama. In questa fila, la trama è avvolta e piegata da aghi che non hanno vecchi anelli.

Nella fila successiva, le brocce allungate vengono fatte cadere dagli aghi sollevandole fino alla loro conclusione e abbassandole, in questo sistema il filo non viene infilato sugli aghi. Le brocce allungate scartate vengono guidate tra gli aghi con le spazzole.

Per resettare in modo affidabile le brocce allungate dagli aghi, è auspicabile resettare le brocce allungate dopo il secondo interlacciamento, cioè dopo aver posato gli aghi del filo di collegamento del secondo interlacciamento. In questo caso, la posizione del filo di trama tra le colonne passanti degli strati di maglia e tra i contorni dei due fili di collegamento, assicura il suo fissaggio stabile alla struttura della maglia, aumentando i punti di contatto del filo di trama con gli anelli di terra e i contorni del filo di collegamento.

Il metodo per ottenere una maglieria felpata basata sulla doppia trama, in cui gli strati sono collegati da un filo di collegamento, è efficace perché questo metodo non richiede grandi cambiamenti nella progettazione della macchina, la macchina è sufficiente per avere guide di filo supplementari per la posa dei fili di collegamento e di trama.

Di conseguenza, nel tessuto a maglia risultante si formano due strati, che possono differire per il tipo di materia prima, con le anse dello strato anteriore non sporgenti sulla superficie dello strato posteriore e le anse dello strato posteriore non sporgenti sulla superficie del lato anteriore. L'utilizzo di filato ad alta resistenza a bassa densità lineare come filo di collegamento permette di ottenere un tessuto a maglia a due strati con una densità superficiale inferiore. L'assenza nella struttura dei tessuti a maglia dei fili principali su una fila di tessuti a maglia permette di ricevere tessuti a maglia con un'elevata trama superficiale, cioè sono assenti le forze elastiche che si allontanano dalle colonne di asole adiacenti.

Utilizzo come filato macinato 1 filato in seta naturale, e come trama 3 e macinato 2 - filato di cotone,
Il design della macchina, che soddisfa lo scopo del tessuto a maglia ricevuto, è in grado di produrre tessuti a maglia a due strati di alta qualità con buone proprietà igieniche e costi di materiale minimi, senza ridurre la produttività della macchina grazie alla semplicità del metodo proposto, non cambiando il design della macchina a ventola piatta e sfruttando appieno le sue capacità tecnologiche.

La presenza nella struttura del tessuto a maglia di brocce allungate di fili di trama aumenta le proprietà termiche del tessuto a maglia proposto.

Di particolare interesse è la produzione della maglieria proposta su macchine a lamelle piane a sistema singolo, che sono ampiamente utilizzate nella produzione nazionale di abbigliamento esterno.

Tessendo parti per l'abbigliamento esterno con un tessuto a doppio strato, la materia prima può essere salvata attraverso il riempimento dell'ago e le aggiunte, e utilizzando filati più economici per il lato sbagliato del tessuto.

CAPITOLO VI. SVILUPPO DELLA TECNOLOGIA PER LA PRODUZIONE DI MAGLIERIA FELPATA BIFACCIALE IN TESSUTO PLACCATO E FODERATO

6.1. Sviluppo della tecnologia di produzione di tessuto a maglia felpata bifacciale in tessuto a maglia placcato

La maglia felpata appartiene alla classe dei tessuti a maglia con elevate proprietà di protezione termica. Il Prof. P.A. Kolesnikov ha sottolineato nei suoi scritti che il fattore principale che determina le proprietà termiche del tessuto a maglia è il suo spessore. Con l'aumento dello spessore del tessuto a maglia, la sua resistenza termica aumenta proporzionalmente [141]. I lavori di ricerca sull'aumento dello spessore della maglieria felpata sono condotti in due direzioni: aumento dell'altezza del pelo della maglieria felpata su un lato; produzione di maglieria con pelo su due lati.

L'aumento dell'altezza del pelo della maglia felpata su un lato è limitato dalla tensione (pizzicamento) del filato durante il couling, che aumenta con l'aumentare della profondità del couling. Al centro del processo di formazione del peluche a maglia c'è un drastico aumento della profondità dell'ovatta per il filato peluche rispetto al filato macinato. Maggiore è questa differenza, più lunga è la pila di peluche [142-144]. Con un forte aumento della profondità dell'avvolgimento del filo in peluche, aumenta il numero di aghi di avvolgimento contemporaneamente, si crea un gran numero di curve del filo sugli aghi e sulle piastre e, di conseguenza, aumenta la tensione del filo, che porta alla sua rottura (avvolgimento con pizzicamento) [145-147].

Per ridurre la crimpatura del filo di peluche durante l'avvolgimento, è stato applicato il metodo del contro movimento degli organi che formano l'ansa [148]. Questo riduce il numero di aghi coinvolti nella formazione di anelli di peluche, l'angolo totale di copertura del filo di peluche da parte degli organi che formano l'anello, e quindi riduce la tensione del filo di peluche.

Un'altra tendenza nella produzione di maglieria con elevate proprietà di protezione termica è la produzione di maglieria con pile bifacciali. La produzione di maglieria di peluche placcata con una disposizione bifacciale dei fili di peluche amplia notevolmente la sua gamma di prodotti.

Le caratteristiche di questo tipo di tessuto a maglia sono l'aspetto, le elevate proprietà di protezione termica, la resistenza all'umidità e la morbidezza al tatto. Per aumentare ulteriormente le proprietà di protezione termica del tessuto a maglia felpato bifacciale, il tessuto a maglia può essere spazzolato su uno o entrambi i lati. In questo modo si crea un tessuto simile al vello che ha notevoli proprietà di protezione termica. Di solito si raccomanda di pettinare il rovescio del tessuto a maglia per gli indumenti esterni, cioè il lato che viene utilizzato come supporto per il calore e l'isolamento. Il lato anteriore è lasciato libero. Rispetto alla maglieria foderata convenzionale, il grado del vello può essere aumentato senza il rischio di strappare i passanti di terra.

Pertanto, la questione dello sviluppo della struttura e dei metodi di produzione di tessuti a maglia felpati su entrambi i lati è rilevante, o l'aspetto di questo tipo di tessuti a maglia amplia la gamma dei tessuti a maglia, migliora la loro qualità. In alcuni casi (nella produzione di tessuti con elevate proprietà di protezione termica) il consumo di materie prime a maglia diminuisce rispetto al consumo di maglieria di felpa monofacciale.

6.1.1. Tessuto a maglia felpata bifacciale lavorato a maglia sulla base della stiratura

Per espandere le capacità tecnologiche della macchina per maglieria multisistema a una sola frontura EPI, per migliorare l'affidabilità del fissaggio delle brocce di felpa sul lato anteriore del tessuto a maglia, per semplificare il processo e per aumentare la produttività della macchina EPI ha proposto un nuovo modo di lavorare il tessuto a maglia felpa su entrambi i lati sulla base di una trama di raso. Consiste nell'uso di piastre con una sporgenza sul mantello, con il filo di peluche posteriore è posato sul mantello delle piastre davanti alla proiezione in relazione ai ganci dell'ago, e il filo di peluche anteriore - dietro la proiezione [149].

La formazione di brocce di peluche su tessuto bifacciale può essere eseguita utilizzando speciali piastre di design con una sporgenza sul promontorio superiore, la maglieria di peluche bifacciale può essere realizzata in tre o due sistemi ad anello.

Il primo metodo di produzione di peluche bifacciale in tre sistemi ad anello è illustrato nelle figure. Fig. 6.1 mostra il processo di filettatura sulla macchina EPI, Fig. 6.2 - schema di filettatura su aghi e piastre.

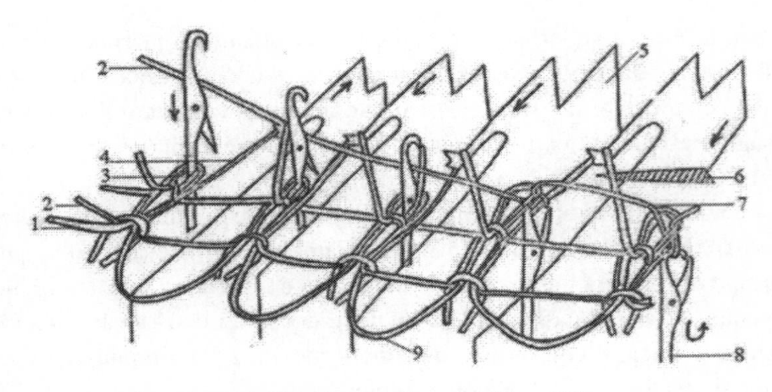

Fig. 6.1. Processo di filettatura sulla macchina EPI

Nel primo sistema, filato peluche 1 (vedi fig. 6.1) e filato smerigliato 2 su aghi 8 e platani 5, seguiti dalla formazione di una fila di anse con brocce peluche 9 sul lato sbagliato del tessuto a maglia. Per ottenere brocce orsacchiotto 4 sul lato anteriore della maglia nel secondo sistema di maglieria dopo la formazione di anelli di terra 3 piastre 5 tirare brocce orsacchiotto 4 sul lato anteriore della maglia e stendere il filo di terra 2, seguito da ottenere una fila di orsacchiotti.

Nel primo sistema (Fig. 6.2,a) si mette in avanti il platino 4 e si mette il filo di terra 2 sotto il mantello e il filo di peluche 1 davanti alla sporgenza 3 (vedi Fig. 6.1) sul mantello con la successiva formazione e scarico di anelli di terra 3 e brocce di peluche 9 sul lato sbagliato della maglia.

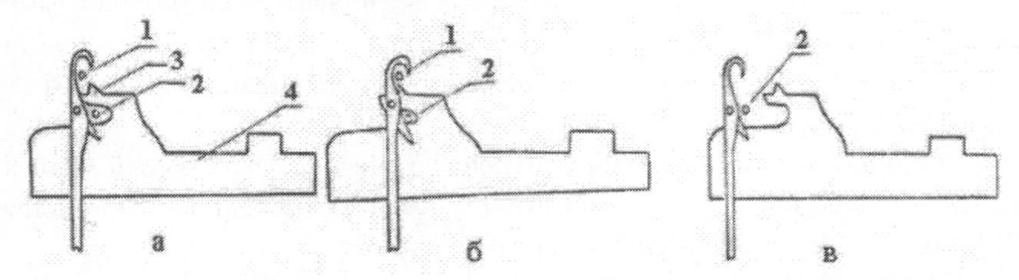

Fig. 6.2. Schema di filettatura ad ago e affondatore per peluche bifacciali su macchine EPI

Nel secondo sistema (fig. 6.2,b) il filo di terra 2 viene posato nello stesso modo del primo sistema, e il filo di peluche 1 - dietro una sporgenza 3 (vedi fig. 6.1) sul mantello di platino 5. A questo scopo, nel secondo sistema, estendere le piastre con l'aiuto del meccanismo di modellatura fornito di frese, che fornirà la posa del filo di peluche 1. Nel secondo sistema, le spille di peluche non verranno fatte cadere, e le spille di peluche 4 verranno tirate fuori dalle piastre 5 sul lato anteriore del tessuto a maglia.

Dopo aver tirato le brocce di peluche 4 nel secondo sistema sul lato anteriore della maglia nel terzo sistema, posare un filo supplementare sotto il mantello di platino 5, filato smerigliato 2, come mostrato in Fig. 6.2, c sotto il mantello del platino con la successiva formazione di una fila ad anello, e le brocce di peluche 4 (vedi Fig. 6.1) vengono fatte cadere con l'anello b. Si formano le anse di lisciatura. I cordoncini di peluche sono posizionati sul lato anteriore della maglia. La lunghezza del filo nell'occhiello della cucitura è di 1 -2 mm in meno rispetto all'occhiello della cucitura nel punto felpato.

Alla posa nel terzo sistema (Fig. 6.1) di un singolo filo dopo aver scaricato gli anelli di terra nel secondo sistema si ottengono formati da un unico filo di platino 7 anelli di stiratura, impedendo la penetrazione di brocce di peluche dal lato anteriore del tessuto a maglia sul lato sbagliato e contribuendo al fissaggio delle brocce di peluche sul lato anteriore.

Fig. 6.3 mostra la struttura di una maglia felpata bifacciale utilizzando il metodo proposto, dove un'ansa di peluche placcata di filato 4 smerigliato e un filato di peluche 7 vengono formati in un'ansa di peluche placcata 3 quando vengono uniti nell'ansa 3, e il filato di peluche 7 viene utilizzato per formare brocce di peluche 1 sul lato sbagliato della maglia.

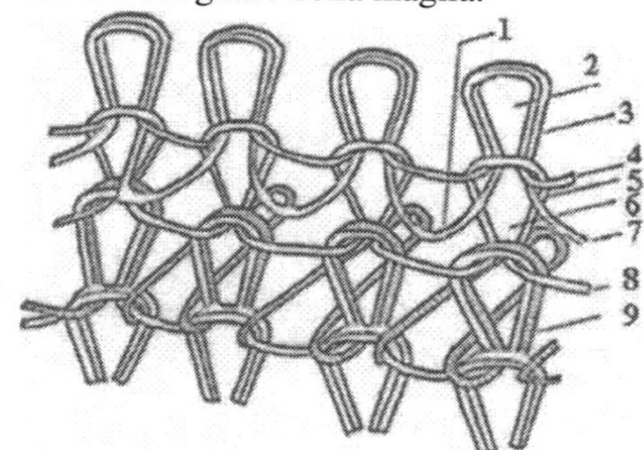

Fig. 6.3. Struttura del tessuto a maglia in felpa plaid double-face

Per la formazione della broccia di peluche 8 sul lato anteriore del tessuto a maglia nella fila di punti 9 dopo aver tirato la broccia di peluche 8 sul lato anteriore del tessuto a maglia viene posta sotto il mantello platino e quindi si forma una fila di lisciatura ad anello 5. Poi la spilla di peluche 9 viene fatta cadere, e poi l'anello di terra b nella fila di anelli 5 fissa la spilla di peluche 9 e ne impedisce il passaggio sul lato sbagliato della maglia.

Fig. 6.4 mostra la struttura di una maglia felpata bifacciale utilizzando il metodo proposto, dove un anello di peluche placcato di filato 4 e di filato 7 vengono formati in un anello di peluche placcato 3 quando vengono uniti nell'anello 3, e il filato di peluche 7 viene utilizzato per formare i tiri di peluche 1 sul lato sbagliato della maglia.

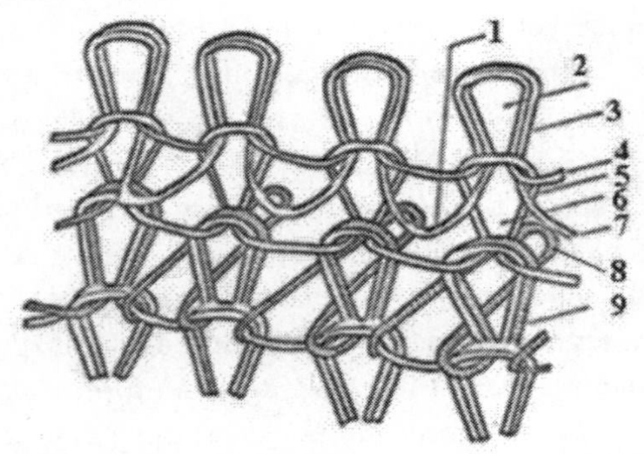

Fig. 6.4. Struttura del tessuto a maglia in felpa plaid double-face

Per la formazione della broccia di peluche 8 sul lato anteriore del tessuto a maglia nella fila di punti 9 dopo aver tirato la broccia di peluche 8 sul lato anteriore del tessuto a maglia, si forma un filo di fondo 4 sotto il mantello del platino e dopo di che si forma una fila di punti 5. La spilla di peluche 8 viene quindi fatta cadere, e poi l'anello di terra 6 nella fila di anelli 5 fissa la spilla di peluche 8 e ne impedisce il passaggio sul lato sbagliato della maglia.

In questo modo si crea una maglia felpata su entrambi i lati che ha file di peluche alternate sul lato anteriore e posteriore, e una fila di filato smerigliato ad anello viene lavorata dopo la fila di peluche ad anello sul lato anteriore della maglia.

In questo modo, otteniamo una fila di peluche sul lato sbagliato e un'altra fila sul lato destro. Queste file su entrambi i lati si alternano alle file di stiratura cucite.

Lo svantaggio di questo metodo di produzione di maglieria di felpa su entrambi i lati è che l'aspetto del tessuto su diversi lati sarà diverso, poiché l'altezza delle spille di felpa è diversa sul lato anteriore e posteriore della maglieria. Il metodo è inaffidabile e difficile da realizzare.

Lo sviluppo teorico e pratico della struttura e delle proprietà meccaniche della maglieria è impegnato in un gran numero di scienziati nel nostro paese e all'estero [150-153]. Meriti significativi in questo settore sono il prof. A.S. Dalidovich, il prof. K.I. Shalov, L.A. Kudryavin e i loro allievi.

I nostri scienziati e specialisti dell'industria della maglieria creano nuovi tipi di maglieria di peluche basati su varie trame. Anche il campo di applicazione dei tessuti felpati si sta gradualmente ampliando.

Uno dei modi per ampliare la gamma e migliorare la qualità dei prodotti - lo sviluppo di nuove strutture e metodi di produzione di maglieria di peluche.

Le proprietà di protezione termica di questo tipo di tessuto a maglia possono essere migliorate aumentando la lunghezza del pelo, così come producendo tessuti a maglia con un pelo su entrambi i lati. Attualmente, è diventato evidente che producendo tessuti a maglia con pile su entrambi i lati, è possibile espandere notevolmente il loro campo di applicazione, sostituendo alcuni tessuti in pile [154-157].

Le possibilità di applicazione di maglieria di felpa bifacciale con un bell'aspetto, una presa chiara, elevate proprietà di protezione termica sono diverse. Può essere utilizzato per realizzare scialli, coperte, accappatoi, costumi da bagno, asciugamani, tute per bambini, biancheria intima calda, fodere, articoli tecnici e altri prodotti tessili.

Al fine di ampliare le capacità di fantasia sviluppato un metodo di produzione di maglieria felpata su due lati su una macchina circolare, dove gli aghi, lavorando attraverso uno: poi sul inferiore, poi sul cilindro superiore, formando una broccia peluche su entrambi i lati della maglia, con il processo di looping avviene costantemente sul cilindro inferiore [158-161].

Il tessuto a maglia felpato bifacciale contiene i passanti 1 smerigliati, nei quali vengono lavorati a maglia altri filati felpati 2, che formano il peluche tira 3 in una fila di punti sul lato sbagliato del tessuto a maglia, e nella fila di punti successiva - sul lato destro del tessuto a maglia. In questo caso il filetto supplementare di peluche 2 forma una trama placcata con gli anelli di massa (fig. 6.5).

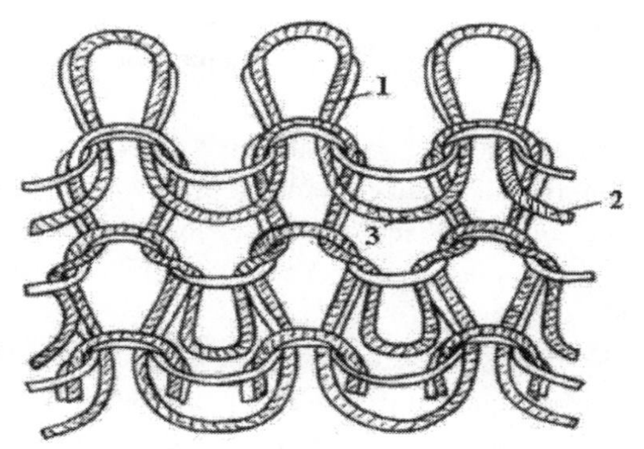

Figura 6.5. Struttura di maglieria in felpa bifacciale

Per produrre questa maglia su una macchina circolare nel primo sistema, gli aghi del cilindro inferiore vengono sollevati fino alla loro conclusione spostandosi lungo il sistema di chiusura con i tacchi disponibili. Gli aghi cominciano quindi ad abbassarsi, a questo punto il filetto di peluche 2 viene infilato sugli aghi (Fig. 6.6).

Afferrando il filo di peluche 2, anche gli aghi 5 vengono abbassati prematuramente dal cuneo aggiuntivo. Ciò è necessario affinché gli aghi pari non passino i filetti di terra 4. E gli aghi dispari 6, muovendosi lungo il normale percorso, ricevono sia il filo di peluche 2 che il filo di terra 4. Ciò richiede porta aghi di due posizioni con la loro spaziatura in una sola.

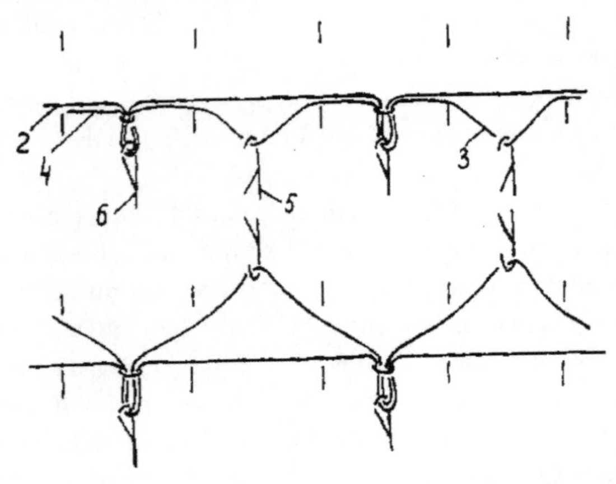

Figura 6.6. Processo di lavorazione a maglia di felpa su entrambi i lati

L'alimentazione separata del peluche 2 e della massa 4 si ottiene utilizzando l'apertura principale del guidafilo per l'alimentazione del peluche 2 e un'ulteriore apertura per l'alimentazione della massa 4. Così, gli aghi dispari 6 filettano un normale anello di peluche 2 e terra 4, e gli aghi pari formano un anello aperto di peluche 2.

Nel secondo sistema, il filo non viene posato sugli aghi, ma solo sugli aghi, salendo e scendendo, facendo cadere le spille di peluche 3, e l'ago 6 dispari non è coinvolto nel lavoro, stanno in piedi nella posizione più bassa, tenendo le anse formate. Poi, utilizzando una guida (pennello), le spille di peluche 3 vengono guidate tra gli aghi.

Nel terzo sistema, gli aghi dispari 6 con anelli regolari rimangono nel cilindro inferiore, mentre gli aghi pari 5 che formavano e lasciavano cadere i fili di peluche 3 nei sistemi precedenti si spostano nel cilindro superiore. Allo stesso tempo, il filetto di peluche 2 viene infilato attraverso l'apertura principale del guidafilo su tutti gli aghi del cilindro inferiore e superiore e il filetto di massa viene infilato solo su tutti gli aghi del cilindro inferiore. Dopo di che, anche gli aghi 5 salgono e formano i fili di peluche 3, e gli aghi dispari 6 scendono e intrecciano i due fili.

Nel quarto sistema, gli aghi dispari, che si trovano nel cilindro inferiore, si trovano nella posizione inferiore, tenendo le anse formate costituite da 4 fili di terra e 2 fili di peluche. Gli aghi del cilindro superiore in questo momento vengono portati al livello del confinamento completo, poi cominciano a salire verso l'alto, facendo cadere le spille di peluche 3 nel processo.

Così, in tutti i sistemi, gli aghi dispari 6 sull'ago inferiore lavorano a maglia un anello regolare di peluche 2 e 4 fili rettificati. E anche gli aghi 5 nei sistemi 1 e 2 formano il peluche 3 sul cilindro inferiore, e questi tiri escono dal lato anteriore del tessuto a maglia, e nei sistemi 3 e 4 gli aghi dispari formano il peluche 3 nel cilindro superiore, e questi tiri escono dal lato sbagliato del tessuto.

Un ulteriore allungamento delle brocce orsacchiotto può essere ottenuto aumentando la spaziatura degli aghi e la profondità del coltro del filo orsacchiotto con aghi uniformi.

In questo metodo, sulla base della stiratura Coulire, viene creata una maglia felpata su entrambi i lati, legando nella sua struttura un ulteriore filato felpato.

L'uso di aghi da maglieria al posto dei denti a bobbing come elementi aggiuntivi e l'utilizzo di un meccanismo di modellatura disponibile sulla macchina permette di produrre sulla macchina circolare maglieria di peluche con modellatura su entrambi i lati che non potrebbe essere prodotta con il metodo esistente.

Se un coltello è posizionato dietro ogni sistema di asole per tagliare le spille di peluche per produrre un mucchio tagliato, non è possibile installare cunei a goccia nei sistemi di asole. Il coltello deve essere fissato alle serrature. Ruotando con le serrature, taglierà le spille di orsacchiotto e la guida le guiderà tra gli aghi.

Così, con quattro sistemi di asole, per ogni giro di cilindro ad ago vengono create due file di maglie di felpa lanosa su entrambi i lati.

Quando si realizza la maglieria di peluche su entrambi i lati

Con la macchina circolare, il filato viene tagliato con un unico ago. Di conseguenza, il numero di aghi e di elementi aggiuntivi coinvolti nel posizionamento del filetto viene dimezzato rispetto al metodo esistente di posizionamento del filetto. Questo porta ad una riduzione dell'inceppamento del filo di peluche durante l'operazione di avvolgimento.

L'utilizzo di una macchina circolare per la produzione di maglieria di peluche su entrambi i lati può produrre peluche a fantasia su entrambi i lati grazie all'utilizzo dei meccanismi di modellatura della macchina. In questo caso il lato anteriore di tali articoli a maglia è modellato (goffrato, colorato), e il lato posteriore è liscio. È anche possibile produrre coupon in un tessuto felpato double-face, che riduce leggermente il consumo di materie prime per i prodotti.

Il metodo proposto per la lavorazione a maglia di tessuti a maglia felpa su entrambi i lati permette di ampliare le capacità tecnologiche dei torni circolari, in quanto insieme alla maglia felpata placcata è possibile lavorare tessuti a maglia con armature tradizionali.

6.1.2 Tessuti a maglia felpata bifacciale, lavorati sulla base di una trama a lembi

Nel lavoro [162] si osserva che nell'attuale fase di intensificazione della produzione di maglieria la creazione di tessuti a basso peso
La capacità dei materiali si sta sviluppando in tre direzioni: lo sviluppo di tessuti leggeri doppi su macchine a doppia frontura; lo sviluppo di tessuti singoli su macchine a singola frontura e lo sviluppo di tessuti leggeri singoli su macchine a doppia frontura.

I.I. Shalov [163] ha formulato la direzione principale per l'uso economico delle materie prime nella produzione di tessuti a maglia - l'uso di armature singole anziché doppie, l'uso di filati a densità lineare ridotta, tessuti a maglia con armature incomplete.

Sulla base di armature incomplete, che si ottengono spegnendo (esponendo) una parte degli aghi del cilindro o del disco della macchina, si creano molte strutture di maglieria caratterizzate da una minore capacità di materiale. Le prospettive di questa direzione di sviluppo di nuovi tipi di maglieria sono segnalate dal Professor I.I. Shalov. L'opportunità dell'applicazione di armature incomplete si nota anche nelle opere [164-166]. Allo stesso tempo, si deve tener conto del fatto che la densità superficiale del tessuto non influisce solo sulla percentuale di scambi di aghi, ma anche sul loro raggruppamento [167, 168].

Le armature incomplete basate su maglieria pressata possono essere prodotte sulla maggior parte dei torni e delle macchine per la lavorazione degli strati intermedi. L'opportunità di combinare trame pressate e incomplete è stata notata da molti ricercatori [169. 170]. Pressato singolo
Gli intrecci hanno una densità superficiale, uno spessore e una larghezza maggiori rispetto all'armatura di base, una minore estensibilità, ma introducendo gli elementi di armatura incompleta nella struttura del tessuto, la larghezza e la capacità del materiale possono essere leggermente ridotte, aumentando al contempo la stabilità della forma [171, 172].

Con lo scopo di aumentare la durata del fissaggio di un filo di felpa in un terreno, diminuire il consumo di materie prime, aumentare la stabilità della forma e l'espansione dell'assortimento di tessuti a maglia, il tessuto a maglia felpa bifacciale viene sviluppato sulla base della gomma incompleta 2+2 [173].

Come si può vedere dalla costruzione a maglia, i loop rettificati sono formati dal filato a, i loop in peluche dal filato b. Contemporaneamente si

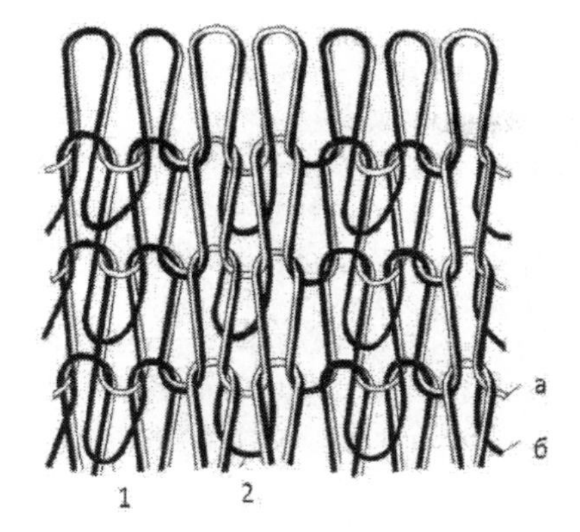

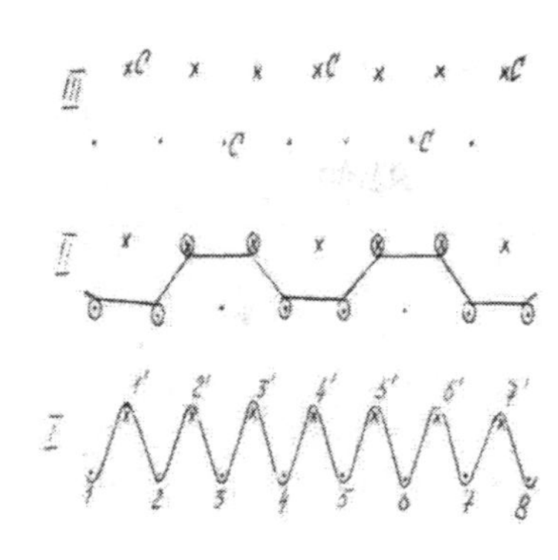

alternano due punti ad anello rovescio e due punti ad anello rovescio (Fig. 6.7,a).

I peluche estraibili sono creati sul lato del tessuto a maglia su cui escono i punti sbagliati. Il peluche tira 1 crea una superficie a pila da un lato e il peluche tira 2 dall'altro lato della maglia. Questa maglia può essere prodotta su una macchina per maglieria piana e circolare con una disposizione ad ago estensibile.

A questo scopo, all'inizio del processo di looping è necessario disporre di vecchi loop su aghi 1,2,4,5,7 ecc. del cilindro e aghi 2', 3', 5', 5', 6' ecc. del disco e aghi liberi 3,6,9 ecc. del cilindro e aghi 1', 4', 7' ecc. del disco con linguette aperte (Fig. 6.7,b).

Nel primo sistema di looping, tutti gli aghi dei cilindri e dei dischi vengono alzati a livello della bobina e sollevati. Poi, nello stesso sistema, gli aghi del

a б

Figura 6.7. Struttura e notazione grafica del tessuto a maglia felpato bifacciale sulla base della gomma 2+2

cilindro e del disco che non hanno le vecchie asole vengono abbassati al livello di looping completo e gli aghi che le hanno vengono abbassati al livello di looping incompleto.

.Nel secondo sistema ad occhiello, gli aghi che non hanno vecchie asole non sono coinvolti, e gli aghi con vecchie asole vengono sollevati fino al livello di conclusione incompleta e il filo di terra viene infilato su di essi. I vecchi anelli vengono poi fatti cadere su nuovi anelli che si formano dai due fili, la terra e il peluche.

Nel terzo sistema di looping, le spille del mantello vengono fatte cadere.

La selezione degli aghi durante la lavorazione a maglia viene effettuata con aghi di diverse posizioni. La larghezza della pila, strisce sia da un lato che dall'altro può essere cambiata cambiando il rapporto della gomma.

Le proprietà di base dei tessuti a maglia che ne derivano sono le stesse di quelle dei tessuti a maglia di tessuto a pinces, ma la presenza di brocce di peluche nella struttura del tessuto a maglia aumenta le proprietà termiche del tessuto.

La lavorazione del tessuto a maglia orsacchiotto bifacciale sulla base di una trama a pinces aumenta la stabilità della forma, e la lavorazione a maglia del filo di orsacchiotto insieme al filo smerigliato in mazzetti di due anelli aumenta la resistenza del fissaggio del filo di orsacchiotto in terra, rispetto ad un normale tessuto a maglia di orsacchiotto placcato.

Al fine di ampliare la gamma di tessuti a maglia, sono state sviluppate strutture e metodi di produzione di maglieria felpata su entrambi i lati, dove l'armatura di base è costituita da una trama a pinces [150].

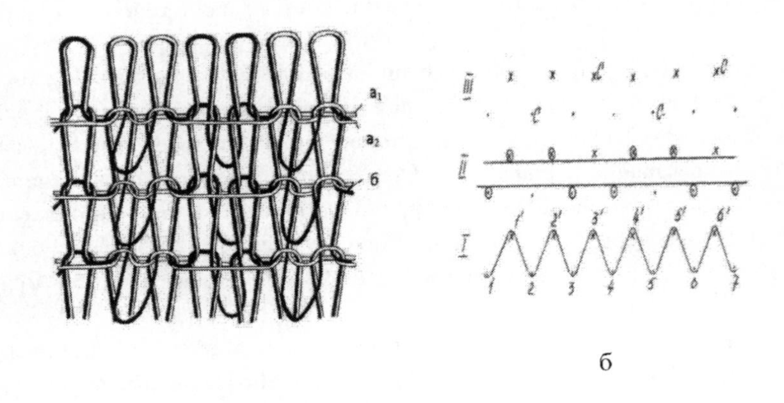

б

Figura 6.8. Struttura e notazione grafica del tessuto a maglia felpato bifacciale a base di gomma

Le strutture della maglia felpata bifacciale sulla base della gomma, è mostrata in Fig. 6.8. Il tessuto a maglia può essere prodotto su macchine per maglieria piatte e circolari con una disposizione di aghi per cancellare. Nel tessuto a maglia proposto, i loop rettificati sono realizzati con filati a1 e a2, mentre i loop in felpa sono realizzati con filati b.

La particolarità della struttura di questo tessuto a maglia è che a partire dai filati rettificati a15 a2, i loop sono lavorati a maglia su aghi separati, il collegamento dei loop di un ago con i loop di un altro ago viene effettuato, con l'aiuto del filato b (Fig. 6.10,a). Così, in questa maglia il filo di peluche ha due funzioni: in primo luogo, serve a formare una superficie a pila su uno e l'altro lato della maglia, e in secondo luogo, è progettato per collegare i loop formati dagli aghi di aghi diversi, per la formazione di una fila di peluche è necessario avere vecchi loop su aghi 1, 3, 4, 4, 6, 7, ecc.e. del cilindro in aghi 1', 2' , 2' , 4' , 5' ecc. del disco e libero, da spire di aghi 2, 5, 8 ecc. del cilindro e aghi 3', 6', 9' ecc. del disco (fig.6.10,б).

Nel primo sistema, tutti gli aghi dei cilindri e dei dischi sono alzati fino al livello della carcerazione e il filo di peluche è infilato su di essi. Poi gli aghi che hanno i vecchi anelli vengono abbassati al livello di coppettazione incompleta, e gli aghi che non li hanno vengono abbassati al livello di coppettazione completa. Nel secondo sistema, il cilindro e gli aghi a disco con le vecchie asole vengono sollevati fino al livello di conclusione incompleta e il filo di terra viene infilato separatamente su di essi. Per poter posare la filettatura rettificata separatamente sugli aghi del cilindro e del disco, è necessario installare delle guide di filettatura supplementari nel sistema ad anello. In seguito, i vecchi anelli vengono reimpostati su nuovi anelli ottenuti dai due fili, la terra e l'orsacchiotto. Nel terzo sistema, i peluche vengono scartati.

La presenza nella struttura del tessuto a maglia di coulisse allungate di filato smerigliato riduce l'estensibilità del tessuto a maglia in larghezza, la presenza di coulisse in peluche aumenta le proprietà termiche del tessuto a maglia.

La resistenza dell'ancoraggio del filo di peluche nel terreno è aumentata perché sembra essere annodato insieme al filo di terra negli ossicini dei due anelli.

6.1.3 Tessuti a maglia felpata bifacciale di maglia a trama combinata

La maglieria di peluche bifacciale può essere prodotta anche sulla base di maglieria combinata [151; p.1-3].

Nella maglia felpata bifacciale (Fig. 6.9,a) si formano i passanti 1 dal filo D, e il filo P passando sugli aghi attraverso la fila, formando delle brocce di peluche 2 poi su un lato della maglia, poi sull'altro.

Nel processo di lavorazione a maglia (Fig. 6.9,b) gli aghi 1 formano anelli di terra, e
i denti del deflettore 2 fungono da elemento aggiuntivo, cioè servono a piegare il filo di peluche.

La formazione di un'armatura di tessuto a maglia felpata bifacciale sulla base di una doppia trama combinata sulla macchina circolare viene effettuata da quattro sistemi di looping. La produzione della maglieria proposta si svolge come segue.

Nel primo sistema gli aghi 1 sono disposti in una disposizione di gomma e in questo sistema dal filo di terra lavorano a maglia una fila di gomma. Allo stesso tempo gli aghi del cilindro inferiore che si abbassano afferrano prima il filo di peluche e lo imbastiscono sui denti del deflettore del cilindro superiore, e poi - il filo di terra e lo imbastiscono sui denti del deflettore del cilindro inferiore. Così, nel primo sistema gli aghi del cilindro inferiore formano anelli di due - peluche e

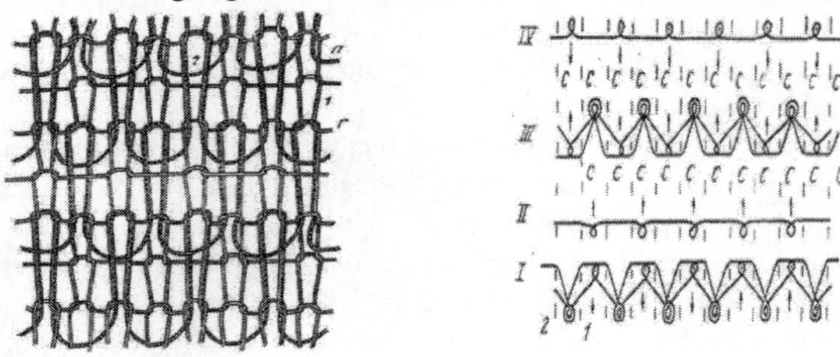

Figura 6.9. Struttura e notazione grafica del tessuto a maglia felpata bifacciale basato sulla tessitura combinata

filo rettificato, e gli aghi del cilindro superiore formano un filo rettificato.

I rebbi di piegatura del cilindro superiore vengono utilizzati per piegare il filo di peluche. Nel secondo sistema, tutti gli aghi del cilindro superiore vanno al cilindro inferiore - e una fila di filo dell'ago incompleta viene lavorata a maglia dal filato macinato.

Il passaggio degli aghi dal cilindro superiore al cilindro inferiore permette di azzerare le brocce di peluche dai denti del deflettore del cilindro superiore mediante un estrattore. Così le brocce di peluche 2 si formano su un lato del tessuto a maglia (Fig. 6.9,a). Per formare delle brocce di peluche sull'altro lato del tessuto a maglia, nel terzo sistema gli aghi passano dal cilindro inferiore a quello superiore uno ad uno insieme agli aghi rimanenti nel cilindro inferiore, una fila di gomma viene lavorata a maglia dal filo smerigliato. A questo punto, gli aghi che passano dal cilindro inferiore al cilindro superiore afferrano prima il filo di peluche e lo avvolgono sui denti del deflettore del cilindro inferiore, e poi vi posano sopra il filo rettificato, che viene avvolto sui denti del deflettore del cilindro superiore. Così, nel terzo sistema, gli aghi del cilindro superiore formano anelli di due filetti in peluche e rettificati, e gli aghi del cilindro inferiore formano un unico filetto rettificato. Nel quarto sistema, gli aghi del cilindro inferiore vengono trasferiti al cilindro superiore e sono dal filo smerigliato per lavorare a maglia una fila di filo parzialmente satinato. In questo sistema, l'estrattore viene utilizzato per resettare i fili di peluche dai rebbi della bobina del cilindro inferiore.

Seconda versione della maglia felpata bifacciale (Fig. 6.10) si differenzia dalla prima per il fatto che le estensioni in peluche di un lato e dell'altro del tessuto a maglia si formano in un unico punto, mentre nella prima variante le estensioni in peluche di un lato e dell'altro in relazione tra loro sono disposte in ordine sfalsato.

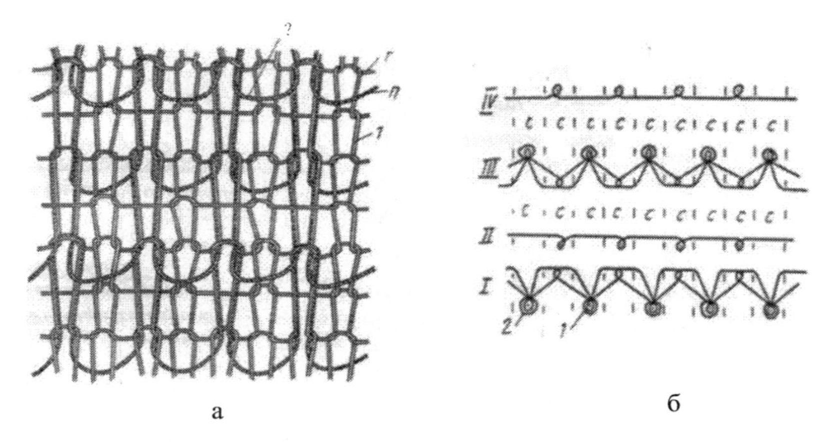

Figura 6.10. Struttura e rappresentazione grafica della maglieria di peluche bifacciale basata su tessitura combinata

Il metodo proposto per la produzione di tessuto a maglia felpata bifacciale sulla base della doppia trama combinata è molto efficace, in quanto una fila di rapporti di intreccio è formata da un sistema ad anello, inoltre il metodo è facile da implementare, non richiede modifiche nella progettazione della macchina o l'installazione di dispositivi e meccanismi aggiuntivi.

Il tessuto a maglia risultante ha buone proprietà fisiche e meccaniche, stabilità di forma. La maglieria offerta può essere utilizzata per la produzione di maglieria esterna e per l'assortimento per bambini.

6.2. Sviluppo della tecnologia di produzione di tessuti a maglia foderati in felpa su entrambi i lati

Secondo la classificazione delle armature a maglia, il filato di pile può essere lavorato a maglia in una qualsiasi delle armature principali, derivate, modellate o combinate. Tra le varietà di intrecci di vello che si possono ottenere, si usano praticamente: liscio rivestito in tinta unita, placcato rivestiti, derivati rivestiti sulla base di derivati liscianti e pressati rivestiti sulla base di un singolo fungo. In base al tipo di trama del terreno in cui i filati di fodera sono lavorati a maglia, la maglieria foderata può essere rivestita con maniche e macinata a maglia. A seconda del modo in cui il vello è disposto sul tessuto, il tessuto a maglia foderato può essere con pile monofacciale e bifacciale.

Inoltre, le maglie a trama fitta possono essere lisce o modellate.

Il metodo di fissaggio del filato di pile nel terreno del tessuto a maglia determina il principio di base della costruzione del processo di lavorazione della macchina.

Il flusso di lavoro principale della macchina è la formazione degli elementi di una maglia a giro inglese, cioè anelli, scarti e spille. I contorni ancorano la fodera nella struttura a maglia, mentre i cordoncini sono allentati sul lato sbagliato e creano una superficie in pile sul tessuto.

L'analisi dei metodi conosciuti per la produzione di maglieria con armatura a maglia mostra che esistono metodi di produzione di maglieria con brocce monofacciali e bifacciali. Ognuno di questi metodi, a seconda del tipo di macchina e del disegno dell'ago, è suddiviso nei seguenti gruppi:

- Modalità di produzione di tessuto a maglia sfrangiato su un solo capo macchine con aghi a gancio mobili e fissi;
- Modalità di produzione di tessuto a maglia sfrangiato su un solo capo macchine con aghi a linguetta e scanalatura;
- Metodi di produzione di maglieria foderata su macchine a doppia frontura con aghi a maschio e femmina.

Le maglie foderate con coulisse in pile allungato possono essere prodotte sulla macchina con o senza l'uso di elementi aggiuntivi.

La maglieria bifacciale viene prodotta principalmente su macchine bifamiliari con aghi a maschio e femmina. Altri metodi sono utilizzati per produrre maglieria con fodera su un solo lato. Come risultato della ricerca del processo di formazione del cappio in vari metodi di produzione di maglieria foderata si stabilisce che una condizione necessaria per la produzione di maglieria di questo tipo è la selezione degli aghi sulla macchina, che viene effettuata con tre metodi:

- metodo di deflessione dell'ago - sulle macchine con aghi ad uncino, si fa con un anello scorrevole, e sulle macchine con aghi ad uncino, si fa con una conicità;
- metodo di separazione del percorso dell'ago - eseguito utilizzando cunei di configurazione appropriata e diverse posizioni dell'ago, nonché mediante selezione selettiva dell'ago;
- il modo di spostare la lanugine dietro le spalle degli aghi selezionati - prevede l'uso di piastre speciali installate sopra quegli aghi dove la lanugine deve essere tirata.

Questi metodi di selezione sono applicabili a tutti i tipi di maglieria foderata. Dopo aver selezionato gli aghi, il liner viene infilato sugli aghi per formare un contorno, dietro gli aghi per formare una broccia e la conclusione del contorno del liner.

E' nota una maglia a doppia maglia di coulir in cui entrambi i lati hanno una superficie a pila [174-176]. Quest'ultimo viene creato sia con anelli di peluche o legando filati di felpa con successivo tufting, sia combinando filati di felpa e di vello. Il vantaggio di una superficie di pile di pile in pile rispetto ad una superficie di peluche è che richiede un ridotto consumo di materie prime.

L'aumento delle prestazioni termiche dei tessuti a maglia foderati si ottiene con la realizzazione di un biadesivo in pile. Le applicazioni per questi tessuti a maglia sono molteplici. Può essere utilizzato per produrre scialli, sciarpe, coperte, prodotti per bambini, materiali di rivestimento, così come altri prodotti tessili, in cui le proprietà speciali di questo tessuto a maglia sono utili.

La maglieria bifacciale, sviluppata sulla base delle trame principali, si ottiene introducendo il filato di fodera nelle strutture di stiratura, gomma e backsplash [177, 178].

Per aumentare la resistenza del fissaggio del filo del vello nel tessuto a maglia smerigliato e per creare un metodo ad alte prestazioni per la produzione di tessuto a maglia bifacciale in pile con un maggiore
La struttura e il metodo di produzione dei tessuti a maglia bifacciali, dove l'intreccio combinato è usato come base [179-182], sono stati sviluppati da noi. Come si può vedere dalla struttura della maglieria bifacciale, prodotta sulla base di un tessuto combinato (Fig.6.11-6.13), gli anelli posteriori si trovano su entrambi i lati della maglieria, il che provoca l'uscita di brocce di fodera anche su entrambi i lati del tessuto. Filo Futer H2, posato in ogni fila di punti che avvolge archi di platino ad anello, disposti trasversalmente su un lato del tessuto a maglia e l'altro attraverso una colonna ad anello. Questa sequenza di posizionamento del filato può variare.

L'utilizzo come armatura di base della stiratura a doppia trama in combinazione con la gomma 1+1 garantisce un fissaggio affidabile del filo del vello nei punti in cui viene posato. A differenza delle note trame foderate ottenute sulla base della stiratura e dei suoi derivati o di altri, dove il filo di vello pende sugli archi di platino delle anse ed è mal fissato, in questo tessuto a maglia il filo di vello H2 avvolge il filo di terra Hi con un angolo di circonferenza di 180°.

Il tessuto a maglia bifoderato contiene anelli di terra 1 e un'ulteriore fodera H2, che esce sotto forma di brocce sul lato destro e sul lato sbagliato, dove il davanti e gli anelli di terra sbagliati si alternano in ordine sfalsato, mentre il filo della fodera, che avvolge le brocce di terra, avvolge le brocce, esce su ogni fila sul lato destro prima dell'asola, e sul lato sbagliato - dopo l'asola, a causa della posizione del cordoncino del piè di pagina su entrambi i lati del tessuto a maglia, il suo spessore aumenta, e porta ad un aumento delle proprietà termiche e di resistenza alla forma del tessuto a maglia (Fig. 6.11).

L'H2 è posto sopra l'arco 1 del punto sbagliato e forma un'ulteriore trazione sul lato destro (Fig. 6.11). Lo stesso filato nel punto successivo viene posizionato dietro il punto anteriore e forma un rivestimento sul lato sbagliato della maglia.

Lo studio della struttura della maglieria foderata e dei metodi di produzione dimostra che questo tipo di maglieria può essere prodotta sulla base di armature principali e derivate, modellate e combinate e può essere prodotta su tutte le macchine per maglieria come la maglieria a maniche e la maglieria di base, a uno o due feltri, con aghi a uncino e a linguetta.

Anche i modi per fissare il filo del vello nel terreno dei tessuti in pile (peluche) sono variegati. In alcuni casi il filo a zampa è semplicemente appeso agli archi di platino delle anse, in altri è tra il terreno e il filo placcato, in un terzo è legato su alcuni aghi per formare anse aperte, nel quarto questo filo può collegare due tessuti identici, nel quinto, avvolgendo archi di platino delle anse, può essere collocato all'interno della struttura ad anello della maglieria, ecc. Tutti questi metodi hanno vantaggi e svantaggi.

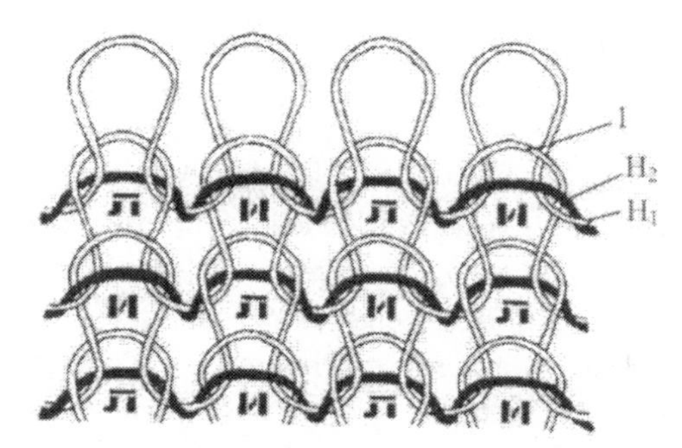

Figura 6.11. Struttura del tessuto a maglia bifoderato

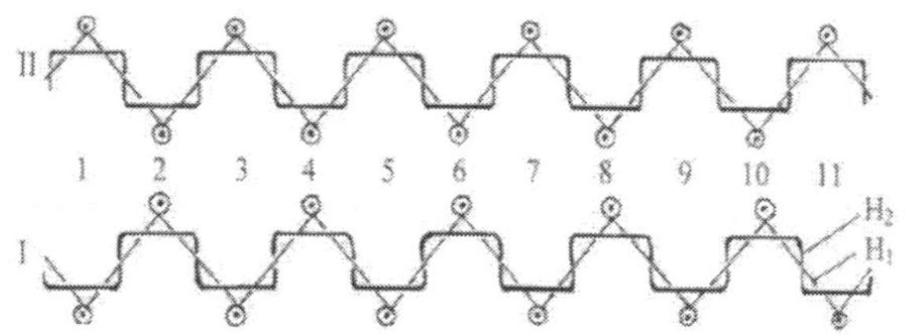

Figura 6.12. Rappresentazione grafica del tessuto a maglia bifacciale

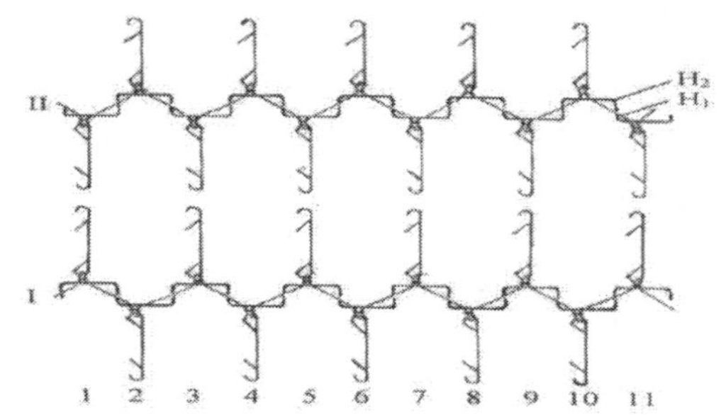

Figura 6.13. Processo per la produzione di maglieria bifacciale

In tutte le strutture di maglieria a maglia a un solo lato, i tirafodera destinati alla pettinatura sono sempre posizionati sul lato sbagliato del tessuto.

Per ottenere una maglieria foderata con fodera a strappo su entrambi i lati, sono stati offerti vari accessori: spille,

Dispositivi di looping, piastre di incapsulamento, dispositivi di piegatura ad ago, piastre con due piani deflettori, ecc.

Tuttavia, per le maglie foderate con trazione del vello su entrambi i lati del tessuto, non è stata utilizzata la struttura del tessuto a maglia della trama di base, mentre questo metodo di creare trazione del vello su entrambi i lati del tessuto è il più semplice e affidabile e in alcuni casi il più produttivo.

A seguito dell'analisi del processo di looping sulla macchina circolare e della struttura della maglieria di diverse armature ottenute su questa macchina, è stato raccomandato di utilizzare come armatura di base nella produzione di maglieria bifacciale una combinazione di armatura bifacciale con gomma 1+1.

Come risultato dello studio e dell'analisi del processo di looping sulla macchina è stato rilevato che la produzione di maglieria bifacciale su una macchina circolare non influisce sulla velocità del suo funzionamento e sulla produttività. Il metodo è facile da implementare, non richiede grandi cambiamenti nel design della macchina, in quanto per ottenere un nuovo tipo di maglieria su questa macchina è sufficiente installare un guidafilo aggiuntivo per la posa del filo del liner e il corretto posizionamento degli aghi con gli aghi.

Il tessuto a maglia che ne risulta può essere utilizzato con successo per indumenti caldi, come materiale di rivestimento, per coperte e altri prodotti. Il consumo di materie prime nella produzione di tale maglieria è notevolmente inferiore rispetto alla maglieria di felpa su entrambi i lati e alla maglieria foderata su entrambi i lati, ottenuta sulla base di un tessuto a tinta unita su entrambi i lati.

CONCLUSIONE

Sulla base di ricerche teoriche e sperimentali in campo tecnologico per la produzione di nuovi tipi di tessuti felpati da macchine a singola e doppia frontura sono stati proposti nuovi metodi e sviluppi tecnologici indispensabili per aumentare l'efficienza dei processi produttivi e la qualità dei prodotti finiti. Di conseguenza, sono stati ottenuti i seguenti risultati:

1. È stato sviluppato un metodo ad alta capacità produttiva di produzione di tessuto a maglia felpata su macchine per maglieria circolare a doppio feltro (Brevetto № IAP 04717), un metodo di produzione di tessuto a maglia felpata con un cordoncino allungato di interlacciamento (Brevetto № IAP 04716), Struttura e metodo di produzione del tessuto a maglia felpata bifacciale basato sulla stiratura (Brevetto n. IAP 04715), struttura e metodo di produzione del tessuto a maglia felpata bifacciale basato sulla tessitura 2+2 (Brevetto n. FAP 01016).

2. È stata effettuata un'analisi teorica del processo di formazione dell'asola sulle macchine per maglieria circolare a doppio feltro nella produzione di maglieria felpata ed è stato dimostrato che le cause principali dei difetti dei tessuti felpati sono causate dalla violazione dell'operazione di stesura del filo, dalla caduta della broccia felpata, dalla giunzione dei loop.

3. Si trovano soluzioni tecnologiche per ridurre il consumo di materiale nella produzione di maglieria felpata basata su armature principali, derivate e combinate. Vengono proposti parametri strutturali ottimali per la maglieria in felpa.

4. Sono stati sviluppati la struttura e il metodo di produzione dei tessuti a maglia felpati sulla base di una stiratura derivata senza spostamento verticale delle anse con un numero ridotto di brocce felpate sulla superficie del tessuto e anche la struttura e il metodo di produzione dei tessuti a maglia felpati con brocce allungate sulla base della tessitura a due strati.

5. È stata sviluppata la tecnologia di produzione del tessuto a maglia felpato di cotone e seta con filato di seta come filato macinato e filato di cotone come felpato ed è stata trovata la dipendenza tra la densità lineare del filato macinato e del felpato e i parametri e le proprietà fisico-meccaniche del tessuto a maglia felpato.

6. E' stato stabilito che utilizzando il filato di seta come filo di seta la densità superficiale del tessuto a maglia felpata diminuisce del 5 %, la densità di massa dell'11 % e la resistenza all'abrasione del tessuto a maglia aumenta del 23 %, il carico di trazione lungo la lunghezza aumenta due volte e lungo la larghezza del 29 % e la stabilità della forma rispetto alla trama di base aumenta.

7. Si suggerisce la formula per la determinazione della tensione del filo di peluche nel processo di looping tenendo conto della forza di trazione e dell'attrito

tra il filo di terra e quello di peluche. Il valore calcolato della tensione del filo di peluche differisce leggermente da quello sperimentale, che fornisce la base per raccomandare e utilizzare la formula raccomandata per la determinazione della tensione del filo di peluche nel processo di looping.

8. Per ottenere i parametri di durabilità, si raccomanda di utilizzare i risultati della prova di prerottura del filato, dove la dipendenza tra il tempo di danneggiamento e la sollecitazione in scale logaritmiche è rappresentata come una regressione lineare.

RIFERIMENTO

1. https://www.zionmarketresearch.com/sample/textile-market

2. Brevetto 3468139 (USA). Cl. 66-194 D 04B - 11/08. Metodo per la fabbricazione del vello biadesivo. Ronald Bitcher, et al. Applicazione. 06.03.78. Ripubblicato il 23.09.82.

3. A.s. n. 659663. M. Cl. D04B 1/02. Metodo di produzione di tessuto a maglia felpata sulla macchina per maglieria a doppio feltro multi-sistema. Djermakian V.Y., Djermakian Y.T., Djermakian K.Y., Tsitulsky A.D. Propubl. 30.04.1979. B.I. № 16

4. A.s. 440460 (URSS). Cl. D 04B 1/02. Tessuto a maglia unary placcato a kulirin. Davidovich A.S. e Kukushkin L.M. Applicazione. 07.05.72. Ripubblicato il 25.08.74. B.I. N. 31.

5. Harty M.I., Dalidovich A.S. Combina la felpa con il soggiorno. // J. Industria tessile. № 2/1984, - c. 23-27.

6. Brevetto USA 4570461. Cl 66/194 D 04B 9/12. Realizzazione di tessuto singolo con passanti in felpa e aperture su macchine circolari per maglieria. Sawazaki M, et al. Applicazione. 27.06.84. Ripubblicato il 18.02.86.

7. Shalov I.I., Dalidovich A.S., Kudryavin L.A., Tecnologia del tessuto a maglia, Mosca, Legprombytizdat, 1986, -p.71-86.

8. Mukimov M.M. Kulirnyy maglieria di peluche, M. Legprombytizdat, 1991, -p. 5-13.

9. Mukimov M.M. Classificazione della maglieria di peluche. Izv.Vuzov, tecnologia dell'industria leggera, 1988, #4, -p. 120-125.

10. Mukimov M.M. Sviluppo e giustificazione della tecnologia della maglieria felpata su macchine per maglieria a doppia frontura. D. in Scienze Tecniche. T., 1993, -p. 14-24.

11. Sviluppo dell'assortimento e padronanza della produzione di capi di abbigliamento a maglia esterna a partire da tessuti di strutture leggere con macchine circolari per maglieria. Rapporto di ricerca. Kosygin MTI. Supervisore Neshataev A.A. -RGP 02830065901. Mosca: 1983, -p. 18-23.

12. Nuovo assortimento di tessuti a maglia leggeri provenienti da macchine per maglieria circolare e piana per maglieria di alta qualità. Rapporto di ricerca e sviluppo. GruzNIIFTP. Capo Rukhadze G.Sh. 1984, -p. 42-51.

13. Sviluppo di una struttura di maglieria di ridotta capacità di materiale sulla base di trame pressate e incomplete. Rapporto di ricerca. VZITLP. Testa Stroganov B.B. -RGP 02850030201. Mosca: 1985, -p. 53-59.

14. Koblyakov A.I. Struttura e proprietà meccaniche della maglieria. - L.: Industria leggera, 1973. - c. 164- 179.

15. Rumyantsev V.I. Sviluppo di metodi per determinare la fatica della maglieria di lino sotto ripetuti stiramenti: Estratti del dottorando di scienze ingegneristiche / MTI. M., 1969. - c.7-18.

16. Sawazaki M., Harima E., Yerisue S. Un metodo per la produzione di tessuto in pile su macchine circolari per maglieria, Y. "Texf. Mach. Soc. Giapponese". 1980, №7, -c. 33-37.

17. Mukimov MM, Safiullina VA, Sadchikova AN Modi per ridurre il consumo di materie prime nella produzione di maglieria di felpa placcata. // J. Izvestia delle scuole superiori. Tecnologia dell'industria leggera. № 6/1991. -c. 67-71.

18. Bendik N.I., Moiseenko F.A. Classificazione della maglieria a maniche singole. // J. "Izvestia vuzov. Tecnologia dell'industria leggera. Kiev, 1986. -c.91-95.

19. M.M. Mukimov. Nuove varietà di maglieria di peluche. // J. Industria tessile. № 10/1986, -c. 44-48.

20. A.s. n. 2172364. Cl. D04B 1/02. Il tessuto a maglia plush-knitted e il metodo della sua fabbricazione. Koblyakov V.A., Zadorova I.V., Lukin A.S., Reznikova Z.P., E.N. Kolesnikova. Pubblicato il 20.08.2001.

21. A.s. n.1659546. Cl. D04B 1/02. Metodo per la produzione di tessuti a maglia felpati alla macchina per maglieria a doppia frontura. Koblyakov V.A., Morozov G.D., Paskhin A.A. Pubblicato il 30.06.91y. B.I. NUMERO 24.

22. Mavsisyan A.A. Sviluppo della tecnologia di maglieria di intreccio di peluche a fantasia su macchine multi-sistema. Dissertazione astratta... Cand. di Sci. Mosca: MTI, 1988, -p. 5-16.

23. Smirnova A.V. Sviluppo di nuove strutture e processi di tessuto a maglia di intreccio di felpa per macchine per maglieria piana a controllo elettronico. L'abstract della tesi di laurea dell'autore... Cand. di Sci. Mosca: MSTU. 2000, -p. 5-15.

24. Djermakian V.Yu. Sviluppo e ricerca di processi di produzione di maglieria cupon di intrecci di peluche: Diss... Candidato di Scienze Tecniche. - M.: MTI, 1980. - c. 15-31.

25. Isabaev A.E. Sviluppo della tecnologia di risparmio delle risorse per la produzione di maglieria felpata. Laurea in.... scienze ingegneristiche. T.: TITLP, 1998,-p. 5-20

26. A.s. n. 1664921 A1 URSS. Cl D 04 B 1/02. Tessuto a maglia plush-knit. Hajiyev D.A., Bayramova A.R. Applicazione. 31.05.1989r. Pubblicato il 23.07.1991. Bollettino n. 27

27. Brevetto № IDP 05204 RU. Cl D 04 B 1/02. Metodo di produzione di maglieria a maglia in felpa mediante intreccio di felpa su macchina a lamelle piatte. M.M. Mukimov, B.M. Mukimov, N.R. Khonkhojaeva, A.I. Tokhtamysheva. Modulo di richiesta. 19.06.2000r. Ripubblicato il 28/06/2002. Bollettino numero 3

28. URSS A.s. n. 1622451. Cl D 04 B 1/02. Un metodo per produrre maglieria felpata con una macchina per maglieria circolare a doppio feltro. I.V. Rudenko, A.N. Gontarenko. Applicazione. 28.02.1989r. Repubblica del 23.01.1991. Bollettino n. 3

29. www.oeko-tex.com

30. www. oe-rotorcraft. com

31. www.mayercie.com

32. www.dilo.de

33. www. textechno. com

34. Galaktionova A.Yu. Sviluppo e ricerca di tessuti a maglia con effetti fantasia sulla base di trame foderate: tesi di laurea dell'autore. Cand. di Sci. di Tecnologia - Mosca: MTI, 2004. - c. 5-16.

35. Zaziuk T.A. Sviluppo dell'assortimento di maglieria foderata per la produzione di capi di abbigliamento esterno: Tesi d'autore ... Candidato di Scienze Tecniche. Mosca: MSTU, 2003. - c. 5-12.

36. A.s. 1247437. URSS. Cl. D 04 B 1/02. Tessuti a maglia in pile su due lati. V.A. Koblyakov, L.A. Kudryavin. Applicazione. 21.09.1984. Ripubblicato il 30.07.1986. Bollettino n. 28.

37. Brevetto 2187591. Russia. Cl. D 04 B 21/14. Kulirnyi maglieria bifacciale V.A.

Zinov'eva, T.A. Zaziuk. Applicazione. 01.11.2001. Ripubblicato il 20.08.2002.

38. Brevetto 2185468. Russia. Cl. D 04 B 1/00. Tessuto a maglia foderato su entrambi i lati. V.A. Zinov'eva, T.A. Zaziuk, V.N. Viktorov. Applicazione. 16.10.2001. Ripubblicato il 20.07.2002.

39. Brevetto 2244052. Russia. Cl. D 04 B 21/14. Tessuto a maglia a doppio kulirny. E.N. Kolesnikova, A.Yu. Galaktionova, O.P. Fomina. Applicazione. 14.04.2004. Pubblicato il 10.01.2005.

40. A.s. 1730259. URSS. Cl. D 04 B 9/10. Metodo di lavorazione a maglia di tessuti a maglia bifacciali. M.M. Mukimov, M.H. Isamuhamedov. Applicazione. 01.12.1989. Pubblicato il 30.07.1992. Bollettino n. 16.

41. A.s. 232435. URSS. XAD 04B 17/01. Un preciso tessuto a maglia intrecciata. Shengelia L.V., Dalidovich A.S., Ershov I.M. Modulo di richiesta. 12.12.1966. Ripubblicato l'11.12.1968. Bollettino numero 1.

42. Brevetto tedesco n. 706809. Cl. 25a 17/01. Tessuto Shubert & Salzer Mashinen Aut-Gesin Chemnitz. Verfarennebst Vorrichtungzur Herstellung gemusterter Pluschware aus Rund strick maschinen. Pubblicato il 06.07.1981.

43. A.s. USSR N. 659663. D 04B 1/02. V.Y. Jermakian, Y.T. Jermakian, K.Y. Jermakiani A.D. Tsitulsky. Metodo per la produzione di maglieria felpata su una macchina per maglieria a doppia frontura multi-sistema. Applicazione. 29.10.1971г. Pubblicato il 30.04.1979. B.I. NUMERO 16.

44. K.M. Kholikov, Sh.K. Usmonkulov, M.M. Mukimov, G.H. Gulyaeva. Sviluppo di un metodo ad alte prestazioni per la produzione di maglieria in felpa placcata. // J. Problemi di tessili, №3/2013, -19-23p.

45. Brevetto II n. IAP 04717. Cl. D 04 B 1/02. Bir kavatli kundalangiga tukilgan tukili tukimasini ikki ignadonli tukuv machineasida tukish usuli. M.M. Mukimov, K. Kholikov, G.H. Gulyaeva, D.H. Ubaidullaeva, A.E. Isabaev, K.Z. Yunusov. Modulo di richiesta. 14.06.2011г. Pubblicato il 28.06.2013. Bollettino № 6.

46. K.Kholikov, G.Gulyaeva, M.M. Mukimov, Kh. Maglieria con capacità di materiale ridotta. Conferenza internazionale scientifica e pratica "Esperienza e pratica dell'uso efficace delle risorse dell'educazione e dello sviluppo scientifico per creare una società innovativa". TIGU, Taraz (Kazakistan), 16-17 marzo 2011, - p. 109-111.

47. K. Kholikov, Sh. Usmonkulov, G. Gulyaeva, M. Mukimov. Metodo
Aumento della produttività della macchina per maglieria circolare nella produzione di maglieria felpata. IV Internazionale Scientifico e Pratico
Conferenza "Tessile, abbigliamento, calzature, dispositivi di protezione individuale nel XXI secolo". Università Statale di Economia e Servizi della Russia meridionale (FGBOU VPO "SRSUES"), Shakhty, Russia. Shakhty (Russia), 18-19 aprile 2013, - p. 42-45.

48. K.M.Kholikov, M.M.M.Mukimov. Metodo di generazione altamente efficace
maglieria di peluche . Scientifico e pratico repubblicano
Conferenza "Fan, ta'lim va ishlab chikarish integrationlashuvi sharoitida tecnologia innovativa dolzarb muhammolari" Tashkent, TITLP, 29-30 novembre 2013, - pp. 11-13.

49. Kh. Khazratkulov, K. Kholikov, M. Mukimov, G. Makhmudova. Classificazione dei metodi di produzione della maglieria di peluche placcata. //J. Problemi di tessile № 4/2010, -p. 77-80

50. Kudryavin L.A., Shalov I.I. Fondamenti della tecnologia di produzione di maglieria. Mosca: Legprombytizdat, 1990, -p. 179-191.

51. Marjorie A. Taylor. Tecnologia delle proprietà tessili. Terza edizione, Forbes Publications Ltd, 1997, Londra, Regno Unito, -p. 48-57.

52. Walter L. Young quist. Tecnologia della maglieria, National Book Company, 1997, -p. 63-71.

53. Mary Walker, Phillips Christine. Contromarcia per maglieria: Modelli tradizionali di copriletto per maglifici contemporanei, 1989, Regno Unito, -p.48-54.

54. Ochs B.S. Vibrazioni radiali degli aghi ad uncino su macchine per maglieria circolari durante la detenzione. // J. Izvestia vuzov. Tecnologia dell'industria leggera, 1978, [1] 1, -p. 137-140.

55. Ox B.S., Boyars R.Y. Studio sperimentale dei metodi di formazione del cappio su macchine per maglieria circolare a doppia frontura. - In libro: Macchine e tecnologia della produzione tessile e maglieria. Riga. 1972. Wyp. 4, -c. 75-83.

56. DavidJ. Spenser. Knitting Technology un manuale completo e una guida pratica. Terza educazione, Regno Unito, 2001, -p. 162-171.

57. Wilkes. A. Maglia 1998, Regno Unito, -p. 131-137.

58. Wynne A. Motivate Textiles. Macmillan Education LTD. Hong-Kong, 1997,-p. 242-251.

59. Ochs B.S., Krumin E.E. Vibrazioni libere di aghi ad uncino in ciclo di looping su macchine di tipo KT. // J. Izvestia vuzov. Tecnologia dell'industria leggera, 1976, №3, -p. 109-112.

60. Anson J.A., Ochs B.S. Studio della tensione del filo con due metodi di formazione dell'ansa su macchine circolari a doppia frontura delle classi medie. - In libro: Macchine e tecnologia della produzione tessile e maglieria. Riga. 1975. Vyp. 6, -c. 175-180.

61. Lazarenko V.M., Ragoza I.V. Analisi della velocità di alimentazione del filato durante l'accoppiamento. // J. Izvestiya vuzov. Tecnologia dell'industria leggera, 1974, № 4, -p. 130-134.

62. Shengeliya L.V. Processi di produzione e studio delle proprietà dei tessuti a maglia a basso allungamento sulla base della doppia trama. Tesi d'autore per la laurea in Scienze Tecniche,-M., 1968, -p. 7-11.

63. Shlyakhova Z.N. Caratteristiche di progettazione e produzione di maglieria kulirnoy a basso allungamento sulla base di gomma. Tesi d'autore per il diploma di laurea in scienze tecniche.-M., 1967, -p. 6-9.

64. Kukushkin L.M. Ricerca di proprietà e processi di produzione di maglieria di felpa a un lato e sviluppo di nuovi tipi. Abstract di una tesi di laurea in scienze ingegneristiche, -M., 1974, -p. 7-11.

65. Ivanov V.A. Sviluppo della tecnologia di tessitura a maglia ad anello di peluche su macchine circolari per maglieria. Tesi d'autore per il diploma di laurea in scienze tecniche, Mosca, 1982, -p. 6-10.

66. Brevetto 2098814 (Francia), Cl.I 04B1/00 . Metodo per ottenere di maglieria di peluche. Applicazione. 28.07.70. Repubblica. 10.03.72.

67. K.M. Holitzov. Metodi per aumentare la lunghezza delle brocce di peluche nella

produzione di maglieria in peluche placcato. //Ж. Problemi del tessile, ¹ 2/2013, - p. 43-49.

68. M. Mukimov, K. Kholikov, S. Usmonkulov, G. Gulyaeva. Metodo di produzione della maglieria di peluche. Conferenza internazionale scientifica e pratica "Educazione e scienza nella modernizzazione sociale della società kazaka" Taraz, TSTU, 3-4 aprile 2013 - pp. 38-41.

69. K.M. Kholikov, M.M. Mukimov. Tessuto a maglia felpata con elevate proprietà di protezione termica. Conferenza internazionale scientifica e pratica "La civiltà turca nell'epoca della globalizzazione: l'interconnessione dei millenni". 16-17 maggio 2014. Taraz. Kazakistan. I-volume, -p. 158-161.

70. M.M. Mukimov. Sviluppo di metodi di produzione di tessuti di velluto a coste su macchine per maglieria a doppio feltro. Industria della maglieria e della merceria tessile, Express Information, 1983, ¹4, -p. 15-19

71. 3. A.S. 943350. Cl. D 04 B 15/32. Sistema di bloccaggio per tornio circolare. A.S. Dalidovich, M.M. Mukimov. Modulo di richiesta. 29.01.1980 № 3227173, Propubl. in B.I. 1982, №26.

72. V.A. Usenko, L.M. Zabolotsky. Filatura della seta. "La tecnologia della seta. Rostekhizdat. 1961г. -c. 18-19.

73. B.D. Muminov, N.K. Khamraev. Requisiti igienici per un abbigliamento razionale per le condizioni climatiche dell'Asia centrale. Tashkent. Izd. Uzorgtekhstroi. 1968г. -c. 80-83.

74. K. Kholikov. Studio degli indicatori di qualità dei tessuti a maglia fantasia. // J. Problemi del tessile. № 1/2011, -c. 44-48

75. Kh. Khazratkulov, K. Kholikov, B. Mirusmanov, M. Mukimov. Valutazione complessa della qualità dei tessuti a maglia a due strati. //J. Problemi del tessile. № 1/2011, -c. 44-48.

76. K. Kholikov, G. Gulyaeva, B. Mirusmanov, M. Mukimov. Studio dei parametri tecnologici della maglieria a fantasia. //J. Problemi del tessile. № 3/2012, -c. 14-19.

77. K.Kholikov, G.Gulyaeva, B.Mirusmanov, M.M.M.Mukimov. Parametri della maglieria jacquard pressata e incompleta.Materiali della conferenza internazionale scientifico-pratica "Esperienza e pratica dell'applicazione efficace delle risorse dell'educazione e dello sviluppo della scienza per creare una società innovativa". TIGU, Taraz (Kazakistan), 16-17 marzo 2011, - pp. 105-109.

78. K. Kholikov, G. Gulyaeva, A. Isabaev, M. Mukimov. Parametri di maglieria incompleta. Materiale della conferenza internazionale scientifico-pratica "Esperienza e pratica dell'uso efficace delle risorse dell'educazione e dello sviluppo scientifico per creare una società innovativa". TIGU, Taraz (Kazakistan), 16-17 marzo 2011, - p. 102-105.

79. K.Kholikov, G.Gulyaeva, M.M. Mukimov. Studio degli indicatori di qualità dei tessuti a maglia fantasia. Materiale della conferenza internazionale scientifico-pratica "Esperienza e pratica dell'uso efficace delle risorse dell'educazione e dello sviluppo scientifico per creare una società innovativa". TIGU, Taraz (Kazakistan), 16-17 marzo 2011, - p. 99-102.

80. K. Kholikov, G. Gulyaeva, B. Mirusmanov, M. Mukimov. Riduzione
Capacità materiale della maglieria a pressare producendola sulla base di una trama incompleta
. Scientifico e pratico repubblicano
Conferenza "Tecnologie scientifiche e di risparmio delle risorse in
Cotone, tessile, industria leggera e della stampa", Tashkent, TITLP, 23-24 novembre 2011, -p. 11-13

81. Sh. Akbarov, K. Kholikov, G. Gulyaeva. Maglieria figurato. Una conferenza nazionale

chiamata "Pakhta tozalash, tukimachilik, yengil e matbaa sanoati technics and technology for takollashtirishtirish muamoviy masalarini echishda yosh olimlarning ishtiroki", Tashkent, TITLP, 20-21 maggio 2011, pp. 13-15.

82. Kh. Khazratkulov, K. Kholikov, G. Gulyaeva, M.M. Mukimov. Tecnologia di ricezione di maglieria felpata con consumo di materiale ridotto. //J. Problemi del tessile. № 1/2011, -c. 28-31.

83. K. Kholikov. Maglieria di peluche placcata su un lato. // J. Problemi di tessuto. № 1/2014, -c. 36-40

84. M.M.Mukimov, K.Kholikov, H.Hazratkulov, Sh.Usmonkulov. Metodo di produzione del tessuto a maglia felpata placcata. Conferenza internazionale scientifica e pratica - "Educazione e scienza nella modernizzazione sociale della società kazaka" Taraz, TSTU, 3-4 aprile 2013, - pp. 36-38.

85. Z.A. Torkunova. Test di maglieria. -M.: Industria leggera, 1975ã. -c. 118-124.

86. G.N. Kukin, A.I. Solov'ev. Scienza dei materiali tessili. Parte 2. -M.: Industria leggera. 1964г. -c. 103-109.

87. Sh.R. Ikramov, F.A. Abdurahimova. I principali parametri delle proprietà fisico-meccaniche dei filati di seta e cotone // J. Problemi del tessile. № 1/2003, -c.27-31.

88. K.M. Kholikov, M.M. Mukimov. La ricerca dell'influenza della densità lineare dei fili smerigliati e felpati sui parametri tecnologici e sulle proprietà del tessuto a maglia felpato. Atti del Barcamp International Scientific and Practical Online-Conference "Social Intelligence: Theory, Practice and Trends". 14-15 dicembre 2014. -c. 170-172.

89. K.M. Kholikov, Sh. Normuratov. Dipendenza degli indici di qualità dei tessuti a maglia peluche placcati sulla densità lineare del filato. Atti del Barcamp International Scientific-Practical Online-Conference "Social Intelligence: Teoria, pratica e tendenze". 14-15 dicembre 2014. -c. 452-455.

90. K.M. Kholikov. Parametri e proprietà fisiche e meccaniche della maglieria di peluche placcata. //Ж. Problemi del tessile. № 1/2015. -c. 32-37.

91. K.M. Kholikov. Studio degli indicatori di qualità della maglieria in felpa di cotone e seta. Materiale del convegno tecnico-scientifico internazionale "Giovani e conoscenza - una garanzia di successo". 17-18 dicembre 2014. Kursk. -c. 448-452.

92. K.M. Kholikov, M.M. Mukimov. Parametri e proprietà fisiche e meccaniche dei tessuti a maglia felpati in cui il filato di seta è stato utilizzato come filato macinato. Materiale del convegno tecnico-scientifico internazionale "Giovani e conoscenza - una garanzia di successo". 17-18 dicembre 2014g. Kursk. -c. 172-176.

93. K.M. Kholikov, M.M. Mukimov, Kh.A. Hazratkulov, M.M. Musaeva. Maglieria in felpa di cotone e seta. Forum Scientifico Internazionale "PROGRESS 2013", Ivanovo. FEDERAZIONE RUSSA. 27-29 maggio 2013ã. -c. 204-207.

94. K. Kholikov, D. Ubaidullaeva, B. Mirusmanov, M. Mukimov. Hom ashyo turini tukli tukli technologo a maglia kursatkichlari va physik-mechanik khususiyatlariga ta'asiri. // J. Problemi di tessile.№4/2011,-p. 32-35

95. K.Kholikov,D.Ubaidullaeva, G.Gulyaeva, B.F.Mirusmanov, M.M.
Mukimov. Influenza del tipo di materia prima sui parametri tecnologici e sulle proprietà fisiche e meccaniche della maglieria felpata. Conferenza internazionale scientifica e pratica "Influenza dell'industriale-innovativo

della politica sulla qualità dell'istruzione". TISU Taraz (Kazakistan), 28-29 marzo 2012, pp. 248-252.

96. M.M.Mukimov, K.Kholikov, H.Hazratkulov, Sh.Usmonkulov. Ricerca dell'influenza del tipo di materia prima sugli indicatori di qualità della maglieria di peluche. Convegno scientifico-pratico internazionale "Educazione e scienza nelle condizioni di modernizzazione sociale della società kazaka" Taraz, TISU, 3-4 aprile 2013, - pp. 29-31.

97. K. Kholikov, D. Ubaidullaeva, B. Mirusmanov, M. Mukimov. Turli khom ashedan tuktslgan tuktsmalari khususiyatlari. "Maualliy khom ashelardan ratsobatbardosh maussulot ishlab chitsarishning ilmiy-tekhnologiy masalalari" mausused ilmiy-amaliy anjuman, Namangan city. Namangan muandislik-istituto di tecnologia, 24-25 novembre 2011. -c. 34-37.

98. Kukin G.N., Solov'ev A.N. Scienze dei materiali tessili. (Materiali tessili iniziali). Mosca: Legprombytizdat, 1985, - pp. 132-141.

99. Perepelkin K.E. Passato, presente e futuro delle fibre chimiche. Mosca: Università Tecnica Statale di Mosca intitolata a Kosygin, 2004. -c. 98-112.

100. Sadykova F.H., Sadykova D.M., Kudryashova N.I. Scienza dei materiali tessili e le basi della produzione tessile. Mosca: Legprombytizdat, 1989, -p. 219-225.

101. A.I. Koblyakov, T.N. Kukin, A.N. Soloviev et al. Lavoro pratico di laboratorio sulla scienza dei materiali tessili. M.: Legprombytizdat, 1986. 232-245.

102. Savostotsky N.A., Amirova E.K. Materialovedenie produzione di cuciture. Mosca: Centro Editoriale "Accademia", 2004g. -c. 78-89.

103. Deryabina L.I., Shmaneva R.N. Merchandising di prodotti tessili e abbigliamento. Mosca: Economia, 1984. -c. 113-121.

104. Zhiharev A.P., Petropavlovskiy D.G., Kuzin S.K., Mishakov V.Yu. Materialovedenie v proizvodstvii prodotti industria leggera. M.: Centro Editoriale "Accademia", 2004. -c. 213-222.

105. Buzov B.A., Alymenkova N.D. Scienza dei materiali nella fabbricazione di prodotti dell'industria leggera. Produzione di abbigliamento. Centro editoriale "Academy", 2004. - c. 168-177.

106. K.M. Kholikov, M.M. Mukimov, G.H. Gulyaeva. Modalità di utilizzo efficace delle materie prime locali nella produzione di prodotti a maglia. // J. Meccanica e tecnologia. Taraz. Kazakistan. № 4/2014, -c. 101-105.

107. Y.S. Shustov. Fondamenti di scienza dei materiali tessili. M. OOOO Sov'yazh Bevo. 2007. - c. 244-251.

108. Kukin G.N., Soloviev A.N., Koblyakov A.I. Scienza dei materiali tessili (Tessuti e prodotti tessili). M.: Legprombytizdat, 1992, -p. 219-232.

109. Kholikov K, Khankhadjaeva N.R., Mukimov M.M, Bayzhanova S. Maglieria in felpa che tiene conto della tensione del filo. // Problemi del tessile, ¹ 3/2010. -c. 15-19.

110. Garbaruk V .N. Progettazione di macchine per maglieria .
Filiale di Leningrado "Mashinostroenie", 1980. -c. 330-341.

111. Kholikov K., Mukimov M.M., Metodi per ridurre la tensione del filato nella produzione di maglieria di peluche. // J. Problemi di tessili, №1/2012. -c. 16-21.

112. K. Kholikov, M.M. Mukimov. Metodi per ridurre la tensione del filo nella produzione di maglieria felpata.Conferenza scientifica e pratica internazionale "L'impatto della politica di innovazione industriale sulla qualità dell'istruzione".TIU Taraz (Kazakistan), 28-29 marzo 2012 г. -c. 261-263.

113. A.C. 490881 (URSS), Cl. D04B7/06 Tornitura in piano M.M. Mukimov, A.S. Dalidovich. Applicazione. 20.06.74г., №2034806/28-12, Pubblicato il 05.11.75, Toro № 41.

114. A.S. 1689457(USSR). Cl. D04B 15/10. Una ruota ad aghi di una macchina rotante. M.M.M.Mukimov, Applicazione. 01.12.89, n.4763595/12 , Repubblica 07.11.91. Bollettino n. 41.

115. Brevetto modello utile, FAP 00538, RUz. D04 B 15/00, D 04 B 9/00. Macchina a tornitura in piano. S.B.Bayzhanova, E.E.Sarybayeva, G.Makhmudova, D.Ubaydullaeva. M.M.M.Mukimov. Applicazione 13.04.2009ã. Pubblicato il 30.04.2010. Bollettino № 4.

116. Brevetto modello utile, № FAP 00339. RUz. Cl. D 04 B 15/38, D 04 B 9/100. La ruota ad aghi di una macchina rotante. Dzhuraev A. D., Mukimov M. M. M., Umarova M., Bayzhanova S. B., Tulendieva O. Modulo di richiesta. 13.04.2007г. Ripubblicato al 31.01.2008. Bollettino № 1.

117. Kholikov K.M., Khanhadjaeva N.R., Mukimov M.M., Lo studio della resistenza del filato nel processo di accoppiamento. // J. Problemi di tessili, n. 4/2011. -c. 65-68.

118. K. Kholitsov, M. Mukimov. Particolarità dell'operazione di accoppiamento nella produzione di maglieria felpata. "Mahalliy khom ashelardan ratsobatbardosh ratsobatbardosh mahsulot ishlab chitsarishning ilmiy-technology masalalari" mavzusidagi ilmiy-amaliy anjuman, Namangan city. Namangan muhandislik-istituto tecnologico, 24-25 novembre 2011. 21-24.

119. Bart Yu.Ya., Trofimov V.P., Kazachenko A.B., Kalininin N.I. Criterio generalizzato di resistenza a lungo termine dei materiali viscoelastici. -Meccanica dei polimeri, 1975, N.5, - p.791-794.

120. Shcherbakov V.P. Determinazione analitica della capacità del filato di lana-nitrone a rotore-meccanico di essere lavorato su macchine per maglieria. P. Teoria e pratica di nuovi metodi di filatura della lana e delle fibre chimiche. Raccolta interuniversitaria di opere scientifiche. - M: MTI, I988,-c. 87-95.

121. Kholikov K.M., Khanhadjaeva N.R., Mukimov M.M. Lo studio del tasso di carico del filato nel processo di lavorazione a maglia. // J. Problemi di tessili, № 4/2011. -c. 58-61.

122. Sevostyanov A.G., Metodi e mezzi di ricerca dei processi meccanotecnologici - dell'industria tessile: un libro di testo per il testo. specialità delle università.-M.: Industria leggera. 1980, -c. 141-152.

123. Sevostyanov A.G. Metodi e mezzi di ricerca dei processi meccanici e tecnici dell'-industria tessile. MSTU che prende il nome da A.N. Kosygin. Sovyazh Bevo Ltd. M.2007. -c. 95-107.

124. Kh. Khazratkulov, K. Kholikov, M. Mukimov, G. Makhmudova. Tecnologia di ricezione della maglia felpata in trama. // J. Problemi del tessile. № 4/2010, -c. 30-32.

125. M. Mukimov, K. Kholikov, H. Hazratkulov, Sh. Usmonkulov. Maglieria di peluche resistente. Conferenza internazionale tecnico-scientifica "Educazione e scienza nella modernizzazione sociale della società kazaka" Taraz, TSTU, 3-4 aprile 2013. -c. 45-47.

126. Brevetto n. FAP 00634. UZ. Cl. D 04 B 9/00, Maglieria con imbottitura su due lati, Mahmudova G., H. A. Hazratkulov, K. Kholikov, M. Mukimov. Petizione del 02.04.2010 pubblicata il 21.06.2011.

127. K.M. Kholikov, Sh.K. Usmonkulov, G.H. Gulyaeva, M.M. Mukimov. Tecnologia di

ricezione della maglieria di felpa bifacciale di trama. // J. Problemi del tessile. № 2/2013, -c. 56-60

128. Sh. Usmonkulov, K. Kholikov, M. Musaeva, G. Gulyaeva, M. Mukimov. Nuovo modo di ricevere la maglieria di peluche a due facce di trama. Conferenza scientifica internazionale "Sviluppo innovativo dell'industria alimentare, dell'industria leggera e dell'ospitalità", 12-13 ottobre 2012, Almaty, ATU. -c. 509-510.

129. M. Mukimov, K. Kholikov, H. Hazratkulov, Sh. Usmonkulov. Maglieria di peluche bifacciale di trama. Conferenza internazionale tecnico-scientifica "Educazione e scienza nella modernizzazione sociale della società kazaka" Taraz, TSTU, 3-4 aprile 2013. -c. 31-33

130. M.M.Mukimov, K.Kholikov, H.Hazratkulov, Sh.Usmonkulov. Metodo di aumento della produttività delle attrezzature per la creazione di maglieria di peluche di intreccio a trama. Convegno scientifico-pratico repubblicano "Milliy istisodiyotni ratzabardoshligini oshirish sharoitida fan, ta'lim va ishlab chitsarish integraziniring dolzarb muhammolari" Tashkent, TITLP, 23-24 aprile 2013 г. -c. 11-13.

131. Mukimov M.M., Mirsadykov M.M. Maglieria in felpa di trama e trama complessa combinata. Izv. di Istituzioni Tecniche Superiori dell'Industria Leggera, 1989, ¹ 2. -c. 48-53.

132. Mukimov M.M., Mirsadykov M.M. Maglieria in felpa di trama e trama placcata. Industria tessile 1989, №3, pp.47-48.

133. A.s. 279858 SSSR, D 04B 1/04. Metodo di produzione di peluche a maglia su una macchina per maglieria circolare / D.A. Koblyakova, V.N. Monakhova, A.V. Trofimova, Z.N. Yushkevich. Pubblicato il 10.09.76.

134. Brevetto 3774412 U.S.A. Cl. 66/9 D 04 B9/12. Metodo per la produzione di maglieria tufted. D. Sikman. Pubblicato il 27.11.73.

135. Brevetto UZ № IAP 04716. Cl. D 04 B 1/02. Metodo per ottenere tessuti a maglia felpati di trama a maglia con brocce allungate. M.M. Mukimov, K. Kholitsov, G.H. Gulyaeva, N.R. Khanhodzhaeva, A.E. Isabayev, B.F. Mirusmanov. Modulo di richiesta. 14.06.2011г. Ripubblicato il 28.06.2013. Bollettino № 6.

136. K.M. Kholikov, Sh.K. Usmonkulov, G.H. Gulyaeva, M.M. Mukimov. Tecnologia di produzione di trama a maglia felpata con spille allungate. // J. Problemi del tessile.1/2014. -c.45-49.

137. K. Kholikov, Sh. Usmonkulov, G. Gulyaeva, M. Mukimov. Tessuto a maglia di felpa di trama con spille allungate. Conferenza scientifica internazionale "Sviluppo dell'innovazione nell'industria alimentare, dell'industria leggera e dell'ospitalità", Almaty, ATU, 12-13 ottobre 2012. -c. 515-517.

138. K.M. Kholikov, M.M. Mukimov. Maglieria in felpa di trama. Conferenza internazionale scientifica e pratica "Sviluppo innovativo dell'industria alimentare, dell'industria leggera e dell'ospitalità". Almaty, Kazakistan. 17-18 ottobre 2013г. -c. 380-381.

139. Brevetto UZ n. IAP 04142. Cl. D 04 B 1/14. Maglieria di riempimento a due strati. Bayzhanova S.B., Akhmetova Z.B., Mukimov M.M., Mirusmanov B.F. Applicazione. 14.04.2008г. Pubblicato il 30.04.2010. Bollettino №4.

140. K.M. Kholikov. Particolarità della tessitura di maglieria felpata sulla base di una tessitura a due strati. // J. Problemi del tessile. № 2/2014. -c. 75-82.

141. Kolesnikov P.A. Proprietà di protezione dal calore dei vestiti, M., Industria leggera, 1978. -c. 3-9.

142. Kukushkin L.M. Ricerca delle proprietà e dei processi di produzione di un tessuto a maglia felpata a un lato e sviluppo di nuovi tipi. Estratto della tesi di laurea dell'autore ... Candidato di Scienze Tecniche, M.1974. -c. 5-12.

143. Ivanov V.A. Sviluppo della tecnologia di tessitura a maglia di peluche su macchine circolari per maglieria. Tesi dell'autore ... Cand. di Sci. M. 1982. -c. 6-9.

144. Koshayeva L.B. Sviluppo di un metodo ad alte prestazioni per la ricezione di un derivato della maglieria di peluche placcato su macchine per maglieria circolare a doppia frontura. Estratto della tesi di laurea ... Candidato di Scienze Tecniche. Л. 1977. -c. 6-10.

145. A.c. 177387 (Repubblica socialista ceca), cl. D04 B 9/12. Metodo di produzione di maglieria felpata su macchine circolari per maglieria e dispositivo per la sua realizzazione / V. Krepinsky. Applicazione. 10.11.75. Pubblicato il 15.02.79.

146. Harty M.I. Miglioramento della tecnologia di maglieria di tessuti a maglia di intreccio di peluche a fantasia su macchine per maglieria circolari a passo singolo. Estratto della tesi di laurea dell'autore ... Cand. di Sci. di Tecnologia, Mosca. 1984. -c. 7-11.

147. Brevetto 2535187 FRG. cl. D04 B 1/02. Tessitura di peluche e metodo di produzione su una macchina per maglieria circolare. O.Nuber. Edizione del 10.02.77.

148. Davidovich A.S., Mukimov M.M. Felpa a maglia con pelo allargato - Industria tessile, 1980, ¹ I, - p.47-51.

149. A.s.1090769 (URSS), к.т1X)4B 1/02. Metodo per ottenere tessuti a maglia felpati su entrambi i lati. Harti M.I., Dalidovich A.S. Applicazione dal 30.06.82. Pubblicato in B.I., 1984, #17.

150. A.s. 1786206. Tessuto a maglia felpata su due lati e metodo di produzione. M.M. Mukimov. Modulo di richiesta. 05.03.91, Propubl. 07.01.93, Bollettino № 1.

151. A.s. 1837082. Metodo di produzione di maglieria di peluche double-face su macchina reversibile. M.M. Mukimov. Applicazione. 19.12.90, Propubl. 30.08.93. Bollettino n. 32.

152. A.s. 1090769 (URSS), cl. D04 B 1/02. Metodo per ottenere tessuti a maglia felpati su entrambi i lati. Harti M.I., Dalidovich A.S. Applicazione. 30.06.82. Repubblica. 1984. B.I. NUMERO 17.

153. A.s. 305221 (URSS), cl. D04 B 1/02. Tessuti a maglia plush-knit su entrambi i lati. M.M. Mukimov, A.S. Dalidovich. Applicazione. 24. 03.70; Pubblicazione 04.06.71. B.I. NUMERO 18.

154. A.s. 305222 (URSS), cl. D04 B 1/02. Metodo di lavorazione a maglia di felpa bifacciale su una macchina reversibile. A.S. Dalidovich, M.M. Mukimov. Applicazione. 24.03.70; Edizione 1971, B.I. #18.

155. Mukimov M.M. Caratteristiche della produzione di peluche kulirnyy bifacciali su una macchina circolare. // J. Industria tessile. № 6/1984. -c.40-44.

156. Brevetto 4103518 (USA), Cl. 66/107/D04 B 15/06. Macchina a maglia circolare per la realizzazione di tessuto felpato su entrambi i lati. Victor I. Lambardi, et al. Applicazione. 13.05.77. Ripubblicato il 01.08.78.

157. Dalidovich A.S., Mukimov M.M. Creazione di effetti fantasia sulla base di maglieria di felpa bifacciale. TsNIITEIlegprom, R.S.
Industria della maglieria e della merceria tessile, n. 6/1978
-c. 1-3.

158. Brevetto UZ №IAP 04715. Cl. D 04 B 1/02. Metodo di produzione della maglieria di

peluche double-face. Kholikov K.M., Gulyaeva G.H., Ubaidullaeva D.H., Isabayev A.E., Mukimov M.M. Modulo di richiesta. 14.06.2011. Ripubblicato il 28.06.2013. Bollettino № 6.

159. K.M. Kholikov, Sh.K. Usmonkulov, G.H. Gulyaeva, M.M. Mukimov. Ampliamento delle possibilità tecnologiche delle macchine per maglieria circolare tipo "SPG" con la produzione di tessuto a maglia felpata su entrambi i lati. // J. Problemi del tessile. № 1/2013, - c. 30-33.

160. M.Musaeva,Sh.Usmonkulov,K.Kholikov, G.Gulyaeva, M.M.Mukimov. Maglieria di peluche su due lati. Conferenza scientifica internazionale "Sviluppo dell'innovazione nell'industria alimentare, dell'industria leggera e dell'ospitalità", Almaty, ATU, 12-13 ottobre 2012 ã. -c. 485-487.

161. M.Mukimov, K.Kholikov, H.Hazratkulov, Sh.Usmonkulov. Metodo di produzione del tessuto a maglia felpata con pile bifacciale. 1U-Convegno scientifico-pratico internazionale. Shahty (Russia), 18-19 aprile 2013ã. -c. 39-42.

162. Babinets S.V., Kirina MA, Kotikova E.I. et al. Uso razionale delle materie prime nell'industria della maglieria: Informazioni sulla revisione. Ser. Maglieria e industria tessile-gallante. -TS.: Istituto centrale di ricerca per l'industria tessile e dell'abbigliamento, 1985, vol.1. -c. 38-46.

163. Shalov I.I. Tessitura a maglia combinata. MOSCA: MTI 1971. -c. 18-26.

164. K. Kholikov. Lavoro a maglia incompleto. Conferenza internazionale scientifica e pratica "Impatto della politica di innovazione industriale sulla qualità dell'istruzione".TISU Taraz (Kazakistan), 28-29 marzo 2012. -c. 257-261

165. K.M. Kholikov, G. Gulyaeva, A. Isabaev, M. Mukimov. Studio dell'effetto del numero di asole saltate nel raport di tessitura sui parametri della maglieria incompleta. // J. Problemi del tessile. №2/2011, -c. 50-54.

166. K. Kholikov, G. Gulyaeva, A. Isabaev, M. Mukimov. Parametri di maglieria incompleta. Materiale della conferenza internazionale scientifico-pratica "Esperienza e pratica dell'uso efficace delle risorse dell'educazione e dello sviluppo scientifico per creare una società innovativa". TIGU, Taraz (Kazakistan), 16-17 marzo 2011. -c. 102-105

167. K. Kholikov Proprietà di maglieria incompleta. //Ж. Problemi del tessile. №3/2011, -c. 78-82.

168. K.Kholikov, G.Gulyaeva, B.Mirusmonov, M.M.M.Mukimov. Yosh olimlarlarning va talablarning repubblicano ilmiy-amaliy conferenza "Pakhta tozalash, tukimachilik, yengil va matbaa sanoati technics va tekhnologii takollashtirish muamoviy masalarini yechishda yosh olimlarning ishtiroki", Tashkent, TITLP, 20-21 maggio 2011 г.-.c.13-15.

169. K. Kholikov, G. Gulyaeva, B.F. Mirusmanov, M.M. Mukimov. Riduzione della capacità materiale del tessuto a maglia pressata grazie alla sua produzione sulla base di una tessitura incompleta.conferenza internazionale scientificopratica "Influenza della politica industriale innovativa sulla qualità dell'istruzione".TISU Taraz (Kazakistan), 28-29 marzo 2012 г.-p. 3-6.

170. K.Kholikov, G.Gulyaeva, B.Mirusmanov, M.Mukimov. Pressa maglieria sulla base di una trama incompleta. Namangan. Namangan muandislik-technology institute, 24-25 novembre 2011. -c. 56-60.

171. Mirusmanov B.F., Kholikov K., Gulyaeva G., M.M. Mukimov. Particolarità della produzione di maglieria a pressa sulla base di una tessitura incompleta per l'assortimento dei bambini. Conferenza Nazionale Scientifico-Pratica "Liboslarni lojihalash va ishlab chikarish

zharaonyony takomillashtirish" Tashkent, TITLP, 30 marzo 2012. 68-71.

172. Kh.A. Hazratkulov, M.M. Mukimov. Risorsa-stezhamkor nakshli maglieria tukim assortmentlar assortmentlar olish technologasi asoslari. Tashkent. Editori fan. 2015. -c. 107-123.

173. Brevetto UZ No FAP 01016. Cl. D04B 1/02. Maglieria di peluche su due lati. Kh.A. Hazratkulov, Sh.K. Usmonkulov, K.M. Kholikov, M.M. Mukimov. Applicazione. 27.06.2013. Ripubblicato il 31.07.2015. Bollettino n.7.

174. A.s.692922 (URSS) cl. D04B 1/02, tessuto a maglia in pile Kulirny e metodo di fabbricazione. V.M. Korovets. Applicazione. 15.08.77 № 2520353/28-12. Pubblicato nel 1979, B.I. n.39.

175. A.s.1247437 (U.S.R.S.) cl. D04B 1/02 Maglia da cucina in pile bifacciale. Koblyakov V.A., Kudryavin L.A. Domanda 21.09.84, n. 3792938/28-12, ed. 1986, B.I. n. 28.

176. A.s.943349 (URSS) cl. D04B 1/02. Tessuti a maglia a due fili per calze. Dalidovich A.S., M.M. Mukimov. Applicazione del 29.12.80, n. 3227204/ 28-12. Pubblicazione. 1982, B.I. #26.

177. A.s.676657 (URSS) cl. D04B 1/02. Tessuto a maglia bifoderato a doppia faccia e metodo di fabbricazione. Z.M. Roitenberg e I.G. Makarenko. Applicazione. 16.02.76 № 2420861/28-12, Propubl. 1978, B.I. № 28.

178. Mukimov M.M. Produzione di maglieria biadesivo a maniche su una macchina circolare. // J. Industria tessile. № 8/1984, -c. 65-69.

179. K.M. Kholikov, Sh.K. Usmonkulov, M.M. Mukimov, G.H. Gulyaeva. Tecnologia della maglieria a maglia bifacciale. // J. Problemi del tessile. № 3/2013, -c. 27-31.

180. Sh. Usmonkulov, K. Kholikov, G. Gulyaeva, M. Mukimov. Tessuto a maglia bifoderato. Conferenza internazionale scientifica e pratica "Sviluppo innovativo dell'industria alimentare, dell'industria leggera e dell'ospitalità" Almaty, ATU, 12-13 ottobre 2012. -c. 511-513.

181. M.M. Mukimov, K. Kholikov, H. Khazratkulov, G. Gulyaeva. Metodo di produzione dei tessuti a maglia bifacciali. Internazionale
Convegno scientifico-pratico "Educazione e scienza nelle condizioni di modernizzazione sociale della società kazaka" Taraz, TSTU, 3-4 aprile 2013, pp. 230-233.

182. G.I. Mahmudova, K.M. Kholikov, M.M. Mukimov, A.D. Djuraev. Basi della tecnologia di produzione della maglieria di peluche stabile. Tashkent. Fan Editori, 2013. - pag. 183. pag. 69-86